施工现场十大员技术管理手册

资 料 员

(第二版)

潘全祥 主编

中国建筑工业出版社

图书在版编目(CIP)数据

资料员/潘全祥主编. —2 版. —北京:中国建筑工业出版社,2004
(施工现场十大员技术管理手册)
ISBN 978-7-112-06842-5

Ⅰ.资… Ⅱ.潘… Ⅲ.建筑工程—工程施工—数据管理—手册 Ⅳ.TU71-62

中国版本图书馆 CIP 数据核字(2004)第 118955 号

施工现场十大员技术管理手册

资 料 员

(第二版)

潘全祥　主编

*

中国建筑工业出版社出版、发行（北京西郊百万庄）
各地新华书店、建筑书店经销
北京密东印刷有限公司印刷

*

开本:787×1092 毫米　1/32　印张:9½　插页:1　字数:212 千字
2005 年 3 月第二版　2012 年 3 月第三十次印刷
印数:134001—137000 册　定价:16.00 元

ISBN 978-7-112-06842-5
(12796)

版权所有　翻印必究
如有印装质量问题,可寄本社退换
(邮政编码 100037)

《资料员》第二版是以所颁布的《建筑工程施工质量验收统一标准》GB50300—2001 和相关专业的施工质量验收规范为依据，主要介绍施工现场资料员应掌握的基本知识。本手册共分五部分，即：地基与基础工程施工阶段、主体工程施工阶段、屋面工程施工阶段、装修阶段及竣工组卷阶段。编写顺序按施工形象进度，将材料试验、施工试验、施工记录、隐预检记录、施工组织设计和工程质量验收等各项内容、各类表格、图例逐一进行了全面介绍，力求建筑施工与技术资料的结合与统一。

本书可供建筑施工企业资料员及工程技术人员学习参考，也可作为土建院校相关专业的辅助教材。

* * *

责任编辑：郦锁林　刘婷婷
责任设计：孙　梅
责任校对：刘　梅　刘玉英

《资料员》(第二版)编写人员名单

主　编　潘全祥
编写人员　潘全祥　张连玺　康　伟
　　　　　李鸣飞　侯燕军　潘永军
　　　　　姜　南　张玉红　兰　健
　　　　　胡定安　温仲慧　徐云程
　　　　　李　国　霍连生　李志刚
　　　　　宋文莹　杨玉库

第二版说明

我社 1998 年出版了一套"施工现场十大员技术管理手册"(一套共 10 册)。该套丛书是供施工现场最基层的技术管理人员阅读的,他们的特点是工作忙、热情高、文化和专业水平有待提高,但求知欲强。"丛书"发行 6～7 年来不断重印,总印数达 40～50 万册,受到读者好评。

当前,建筑业已进入一个新的发展时期:为建筑业监督管理体制改革鸣锣开道的《中华人民共和国建筑法》、《中华人民共和国招标投标法》、《建设工程质量管理条例》、《建设工程安全生产管理条例》,……等一系列国家法律、法规已相继出台;2000 年以来,由建设部负责编制的《建筑工程施工质量验收统一标准》GB50300—2001 和相关的 14 个专业施工质量验收规范也已全部颁布,全面调整了建筑工程质量管理和验收方面的要求。

为了适应这一新的建筑业发展形势,我社诚恳邀请这套丛书的原作者,根据 6～7 年来国家新颁布的建筑法律、法规和标准、规范,以及施工管理技术的新动向,对原丛书进行认真的修改和补充,以更好地满足广大读者、特别是基层技术管理人员的需要。

中国建筑工业出版社
2004 年 8 月

第 一 版 说 明

目前,我国建筑业发展迅速,全国城乡到处都在搞基本建设,建筑工地(施工现场)比比皆是,出现了前所未有的好形势。

活跃在施工现场最基层的技术管理人员(十大员),其业务水平和管理工作的好坏,已经成为我国千千万万个建设项目能否有序、高效、高质量完成的关键。这些基层管理人员,工作忙、有热情,但目前的文化业务水平普遍还不高,其中有不少还是近期从工人中提上来的,他们十分需要培训、学习,也迫切需要有一些可供工作参考的知识性、资料性读物。

为了满足施工现场十大员对技术业务知识的需求,满足各地对这些基层管理干部的培训与考核,我们在深入调查研究的基础上,组织上海、北京有关施工、管理部门编写了这套"施工现场十大员技术管理手册"。它们是《施工员》、《质量员》、《材料员》、《定额员》、《安全员》、《测量员》、《试验员》、《机械员》、《资料员》和《现场电工》,书中主要介绍各种技术管理人员的工作职责、专业技术知识、业务管理和质量管理实施细则,以及有关专业的法规、标准和规范等,是一套拿来就能教、能学、能用的小型工具书。

中国建筑工业出版社
1998 年 2 月

第二版前言

施工资料是建筑施工中的一项重要组成部分,是工程建设及竣工验收的必备条件,也是对工程进行检查、维护、管理、使用、改建和扩建的原始依据。为此,建设部与各省市建设部门多次强调要搞好技术资料工作,明确指出:任何一项工程如果技术资料不符合标准规定,则判定该项工程不合格,对工程质量具有否决权。

鉴于当前技术资料管理还是一个比较薄弱的环节,我们组织了有关专家、教授和有实践经验的工程技术人员编写了这本手册。该手册综合了《建筑工程施工质量验收统一标准》、《北京市建筑安装分项工程施工工艺规程》和北京市地方标准《建筑工程资料管理规程》等,具有以下特点:

1. 本手册是针对建筑工地编写的实用性系列丛书,编写内容力求系统化、规范化,取材全面,内容综合性强。

2. 本手册共分五部分,即:地基与基础工程施工阶段、主体工程施工阶段、屋面工程施工阶段、装修阶段及竣工组卷阶段。编写顺序是按施工形象进度,将材料试验、施工试验、施工记录、隐预检记录、施工组织设计和工程质量检验评定等各项内容、各类表格、图例逐一地进行了全面介绍,力求建筑施工与技术资料的结合与统一。

3. 编写方法上采取文字、图、表相结合的方式。力求通俗易懂、全面系统。

4. 本手册注重理论联系实际,是建筑企业各级工程技术人员的参考书籍,对施工技术资料的管理起到了保证作用。

本手册由于编者水平有限,不妥之处恳请读者批评指正。

第一版前言

技术资料是建筑施工中的一项重要组成部分,是工程建设及竣工验收的必备条件,也是对工程进行检查、维护、管理、使用、改建和扩建的原始依据。为此,建设部与各省市建设部门多次强调要搞好技术资料工作,明确指出:任何一项工程如果技术资料不符合标准规定,则判定该项工程不合格,对工程质量具有否决权。

鉴于当前技术资料管理还是一个比较薄弱环节,我们组织了有关专家、教授和有实践经验的工程技术人员编写了这本书。该书综合了《建筑安装工程质量检验评定标准讲座》、《建筑安装分项工程施工工艺规程》和北京市城乡建设委员会颁发《北京市建筑安装工程施工技术资料管理规定》的通知,京建质〔1996〕418号文,该手册具有以下特点:

1. 该手册是针对建筑工程工地编写的实用性系列丛书,编写内容力求系统化、规范化,取材全面,内容综合性强。

2. 本手册共分五部分,即:地基与基础工程施工阶段、主体工程施工阶段、屋面工程施工阶段、装修阶段及竣工组卷阶段。编写顺序是按施工形象进度,将材料试验、施工试验、施工记录、隐预检记录、施工组织设计和工程质量检验评定等各项内容、各类表格、图例逐一地进行了全面介绍,力求建筑施工与技术资料的结合与统一。

3. 编写方法上采取文字、图、表相结合的方式。力求通俗易懂、全面系统。

4. 本手册注重理论联系实际,是建筑企业各级工程技术人员的参考书籍,对施工技术资料的管理起到了保证作用。

本手册由于编者水平有限,不妥之处恳请读者批评指正。

目 录

1 地基与基础工程施工阶段 ……………………………… 1
  1.1 建筑工程 ……………………………………………… 1
    1.1.1 主要原材料、成品、半成品、构配件出厂质量
         证明和质量试(检)验报告 ……………………… 1
    1.1.2 施工试验记录 ………………………………… 37
    1.1.3 施工记录 ……………………………………… 82
    1.1.4 预检记录 ……………………………………… 100
    1.1.5 隐蔽工程验收记录 …………………………… 102
    1.1.6 基础、结构验收 ……………………………… 104
    1.1.7 施工组织设计 ………………………………… 106
    1.1.8 技术交底 ……………………………………… 110
    1.1.9 工程质量验收记录 …………………………… 116
    1.1.10 设计变更、洽商记录 ………………………… 179
  1.2 建筑设备安装工程 …………………………………… 181
    1.2.1 建筑给水排水及采暖工程 …………………… 181
    1.2.2 建筑电气安装工程 …………………………… 196
2 主体工程施工阶段 ……………………………………… 198
  2.1 建筑工程 ……………………………………………… 198
    2.1.1 主要原材料、成品、半成品、构配件出厂质量
         证明和质量试(检)验报告 ……………………… 198
    2.1.2 施工试验记录 ………………………………… 198
    2.1.3 施工记录 ……………………………………… 199
    2.1.4 预检记录 ……………………………………… 210

2.1.5　隐蔽工程验收记录 …………………………… 213
　　2.1.6　主体结构工程验收记录 ………………………… 216
　　2.1.7　技术交底 ………………………………………… 216
　　2.1.8　工程质量验收记录 ……………………………… 217
　　2.1.9　设计变更、洽商记录 …………………………… 217
　2.2　建筑设备安装工程 …………………………………… 217
　　2.2.1　建筑给水排水及采暖工程 ……………………… 217
　　2.2.2　建筑电气安装工程 ……………………………… 219

3　屋面工程施工阶段 ……………………………………… 223
　3.1　建筑工程 ……………………………………………… 223
　　3.1.1　主要原材料、成品、半成品、构配件出厂质量
　　　　　证明和质量试(检)验报告 ……………………… 223
　　3.1.2　施工记录 ………………………………………… 223
　　3.1.3　隐蔽工程验收记录 ……………………………… 223
　　3.1.4　技术交底 ………………………………………… 224
　　3.1.5　工程质量验收记录 ……………………………… 224
　　3.1.6　设计变更、洽商记录 …………………………… 224
　3.2　建筑设备安装工程 …………………………………… 224
　　3.2.1　建筑给水排水及采暖工程 ……………………… 224
　　3.2.2　建筑电气安装工程 ……………………………… 225

4　装修阶段(地面与楼面工程、门窗工程、装饰工程) … 233
　4.1　建筑工程 ……………………………………………… 233
　　4.1.1　主要原材料、成品、半成品、构配件出厂质量
　　　　　证明和质量试(检)验报告 ……………………… 233
　　4.1.2　施工记录 ………………………………………… 233
　　4.1.3　隐蔽工程验收记录 ……………………………… 234
　　4.1.4　技术交底 ………………………………………… 234

4.1.5 工程质量验收记录 ·············· 236
　　4.1.6 设计变更、洽商记录 ············ 236
　4.2 建筑设备安装工程 ··············· 236
　　4.2.1 建筑给水排水及采暖工程 ········· 236
　　4.2.2 建筑电气安装工程 ············· 237
　　4.2.3 通风与空调工程 ·············· 246
　　4.2.4 电梯安装工程 ··············· 254
5 竣工组卷阶段 ··················· 258
　5.1 主要原材料、成品、半成品、构配件出厂质量
　　　证明和质量试(检)验报告 ··········· 258
　5.2 施工试验记录 ················· 259
　5.3 施工记录 ··················· 260
　5.4 预检记录 ··················· 262
　5.5 隐蔽工程验收记录 ··············· 263
　5.6 基础、结构验收记录 ·············· 263
　5.7 建筑给水排水及采暖工程 ············ 264
　5.8 电气安装工程 ················· 264
　5.9 通风与空调工程 ················ 265
　5.10 电梯安装工程 ················ 266
　5.11 施工组织设计 ················ 266
　5.12 技术交底 ·················· 267
　5.13 施工质量验收记录 ·············· 270
　5.14 竣工验收资料 ················ 275
　5.15 设计变更、洽商记录 ············· 282
　5.16 竣工图 ··················· 282
　5.17 技术资料组卷方法、要求及验收移交 ····· 285
附录 单位工程施工技术资料整理系统图 ········ 插页

15

1 地基与基础工程施工阶段

1.1 建筑工程

1.1.1 主要原材料、成品、半成品、构配件出厂质量证明和质量试(检)验报告

1.1.1.1 水泥

1. 常用水泥的定义、强度等级和技术要求

建筑工程常用的水泥有：硅酸盐水泥、普通硅酸盐水泥(GB175—1999)、矿渣硅酸盐水泥、火山灰质硅酸盐水泥及粉煤灰硅酸盐水泥(GB1344—1999)等五种。

(1)定义与强度等级：见表1-1。

表1-1

名　称	定　　　义	强度等级
硅酸盐水泥	凡由硅酸盐水泥熟料、0~5%石灰石或粒化高炉矿渣、适量石膏磨细制成的水硬性胶凝材料，称为硅酸盐水泥(即国外通称的波特兰水泥)。硅酸盐水泥分两种类型，不掺加混合材料的称Ⅰ型硅酸盐水泥，代号 P·Ⅰ。在硅酸盐水泥熟料粉磨时掺和不超过水泥质量5%石灰石或粒化高炉矿渣混合材料的称Ⅱ型硅酸盐水泥，代号 P·Ⅱ	42.5 42.5R 52.5 52.5R 62.5 62.5R
普通硅酸盐水泥	凡由硅酸盐水泥熟料、6%~15%混合材料、适量石膏磨细制成的水硬性胶凝材料，称为普通硅酸盐水泥(简称普通水泥)，代号 P·O。掺活性混合材料时，最大掺量不得超过15%，其中允许用不超过水泥质量5%的窑灰或不超过水泥重量10%的非活性混合材料来代替。掺非活性混合材料时最大掺量不得超过水泥质量10%	32.5 32.5R 42.5 42.5R 52.5 52.5R

续表

名　称	定　义	强度等级
矿渣硅酸盐水泥	凡由硅酸盐水泥熟料和粒化高炉矿渣、适量石膏磨细制成的水硬性胶凝材料，称为矿渣硅酸盐水泥（简称矿渣水泥），代号 P·S。水泥中粒化高炉矿渣掺加量按质量百分比计为 20%～70%。允许用石灰石、窑灰、粉煤灰和火山灰质混合材料中的一种材料代替矿渣，代替数量不得超过水泥质量的 8%，替代后水泥中粒化高炉矿渣不得少于 20%	32.5 32.5R 42.5 42.5R 52.5 52.5R
火山灰质硅酸盐水泥	凡由硅酸盐水泥熟料和火山灰质混合材料、适量石膏磨细制成的水硬性胶凝材料称为火山灰质硅酸盐水泥（简称火山灰水泥），代号 P·P。水泥中火山灰质混合材料掺加量按质量百分比计为 20%～50%	32.5 32.5R 42.5 42.5R 52.5 52.5R
粉煤灰硅酸盐水泥	凡由硅酸盐水泥熟料和粉煤灰，适量石膏磨细制成的水硬性胶凝材料称为粉煤灰硅酸盐水泥（简称粉煤灰水泥），代号 P·F。水泥中粉煤灰掺加量按质量百分比计为 20%～40%	

（2）技术要求：

1）氧化镁：熟料中氧化镁的含量不得超过 5.0%，如果水泥经压蒸安定性试验合格，则熟料中氧化镁的含量允许放宽到 6.0%。

2）三氧化硫：矿渣水泥中三氧化硫含量不得超过 4.0%，硅酸盐水泥、普通水泥、火山灰水泥、粉煤灰水泥中三氧化硫含量不得超过 3.5%。

3）细度：硅酸盐水泥比表面积大于 $300m^2/kg$，其他四种水泥 $80\mu m$ 方孔筛筛余不得超过 10.0%。

4）凝结时间：硅酸盐水泥初凝不得早于 45min，终凝不得迟于 390min。其他四种水泥初凝不得早于 45min，终凝不得迟于 10h。

5）不溶物：Ⅰ型硅酸盐水泥中不溶物不得超过 0.75%；Ⅱ型硅酸盐水泥中不溶物不得超过 1.50%。

6）烧失量：Ⅰ型硅酸盐水泥中烧失量不得大于 3.0%，Ⅱ

型硅酸盐水泥中烧失量不得大于3.5%。普通水泥中烧失量不得大于5.0%。

7)安定性:用沸煮法检验必须合格。

8)强度:水泥强度按规定龄期的抗压强度和抗折强度来划分,各强度水泥的各龄期强度不得低于表1-2数值。

表1-2

品 种	强度等级	抗压强度（MPa）			抗折强度（MPa）		
		3d	7d	28d	3d	7d	28
硅酸盐水泥	42.5	17.0	—	42.5	3.5	—	6.5
	42.5R	22.0	—	42.5	4.0	—	6.5
	52.5	23.0	—	52.5	4.0	—	7.0
	52.5R	27.0	—	52.5	5.0	—	7.0
	62.5	28.0	—	62.5	5.0	—	8.0
	62.5R	32.0	—	62.5	5.5	—	8.0
普通水泥	32.5	11.0	—	32.5	2.5	—	5.5
	32.5R	16.0	—	32.5	3.5	—	5.5
	42.5	16.0	—	42.5	3.5	—	6.5
	42.5R	21.0	—	42.5	4.0	—	6.5
	52.5	22.0	—	52.5	4.0	—	7.0
	52.5R	26.0	—	52.5	5.0	—	7.0
矿渣水泥、火山灰水泥、粉煤灰水泥	32.5	10.0	—	32.5	2.5	—	5.5
	32.5R	15.0	—	32.5	3.5	—	5.5
	42.5	15.0	—	42.5	3.5	—	6.5
	42.5R	19.0	—	42.5	4.0	—	6.5
	52.5	21.0	—	52.5	4.0	—	7.0
	52.5R	23.0	—	52.5	4.5	—	7.0

2.有关规定

(1)水泥出厂质量合格证和试验报告单应及时整理,试验单填写做到字迹清楚,项目齐全、准确、真实,且无未完事项。

(2)水泥出厂质量合格证和试验报告单不允许涂改、伪造,随意抽撤或损毁。

(3)水泥质量必须合格,应先试验后使用,要有出厂质量合格证或试验单。需采取技术处理措施的,应满足技术要求并经有关技术负责人批准(签字)后方可使用。

(4)合格证、试(检)验单或记录单的抄件(复印件)应注明原件存放单位,并有抄件人、抄件(复印)单位的签字或盖章(红章)。

(5)水泥应有生产厂家的出厂质量证明书,并应对其品种、强度等级、包装(或散装仓号)和出厂日期等检查验收。

(6)有下列情况之一者,必须进行复试,混凝土应重新试配:

1)用于承重结构的水泥;

2)用于使用部位有强度等级要求的水泥;

3)水泥出厂超过 3 个月(快硬硅酸盐水泥为 1 个月);

4)进口水泥。

(7)水泥复试主要项目:抗折强度、抗压强度、凝结时间、安定性。

3. 水泥出厂质量合格证的验收和进场水泥的外观检查

(1)水泥出厂质量合格证的验收

水泥出厂质量合格证应由生产厂家的质量部门提供给使用单位,作为证明其产品质量性能的依据,生产厂家应在水泥发出日起 7d 内寄发并在 32d 内补报 28d 强度。资料员应及时催要和验收。水泥出厂质量合格证中应含品种、强度等级、出厂日期、抗压强度、抗折强度、安定性、试验编号等项内容和性能指标,各项应填写齐全,不得错漏。水泥强度应以标养 28d 试件试验结果为准,故 28d 强度补报单为合格证的重要部分,不能缺少。

如批量较大,而厂方提供合格证少时,可制作复印件备查或做抄件,抄件应注明原件证号、存放处,并有抄件人签字及抄件日期。水泥质量合格证备注栏内由施工单位填明单位工程名称及工程使用部位,并加盖水泥厂印章。

(2)进场水泥的外观检查

1)标志:水泥袋上应清楚标明:工厂名称、生产许可证编号、品种、名称、代号、强度等级、包装年、月、日和编号。掺火山灰质混合材料的普通水泥还应标上"掺火山灰"字样,散装水泥应提交与袋装标志相同内容的卡片和散装仓号,设计对水泥有特殊要求时,应查是否与设计要求相符。

2)包装:抽查水泥的重量是否符合规定。绝大部分水泥每袋净重为 $50 \pm 1kg$,但以下品种的水泥每袋净重略有不同:

(A)快凝快硬硅酸盐水泥

每袋净重为:$45 \pm 1kg$;

(B)砌筑水泥

每袋净重为:$40 \pm 1kg$;

(C)硫铝酸盐早强水泥

每袋净重为:$46 \pm 1kg$。

注意袋装水泥的净重,以保证水泥的合理运输和掺量。

3)产品合格证检查:检查产品合格证的品种、强度等级等指标是否符合要求,进货品种是否和合格证相符。

(3)水泥外观检查

进场水泥应查看是否受潮、结块、混入杂物或不同品种、强度等级的水泥混在一起,检查合格后入库贮存。

4.水泥的取样试验

(1)水泥试验的取样方法和数量

1)水泥试验应以同一水泥厂、同强度等级、同品种、同一生产时间、同一进场日期的水泥,散装水泥 500t、袋装水泥 200t 为一验收批,不足吨数时亦按一验收批计算。

2)每一验收批取样一组,数量为 12kg。

3)取样要有代表性,一般可以从 20 个以上的不同部位或 20 袋中取等量样品,总数至少 12kg,拌合均匀后分成两等份,一份由试验室按标准进行试验,一份密封保存备复验用。

4)建筑施工企业应分别按单位工程取样。

(2)常用六种水泥的必试项目❶

1)水泥强度(抗压强度、抗折强度);

2)水泥安定性;

3)水泥初凝时间。

必要时试验项目:细度和凝结时间。

检验标准见各种水泥的技术要求。

5. 注意事项

(1)水泥出厂质量合格证应有生产厂家质量部门的盖章;

(2)生产厂家的水泥 28d 强度补报单不能缺少;

(3)水泥试验报告应有试验编号(以便与试验室的有关资料查证核实),要有明确结论,签章齐全;

(4)一定要验看试验报告中各项目的实测数值是否符合规范规定的标准值;

(5)注意水泥的有效期(一般为 3 个月,快硬硅酸盐水泥为 1 个月),过期必须做复试。连续施工的工程相邻两次水泥试验的时间不应超过其有效期;

(6)如水泥质量有问题,根据试验报告的数据可降级使用,但须经有关技术负责人批准(签字)后方可使用,且应注明使用工程项目及部位。

(7)水泥出厂合格证和试验报告按规定不能缺少,并要与实际使用的水泥批次相符合;

---

❶ 常用水泥一般还包括《复合硅酸盐水泥》GB12958—1999。

(8)要与其他施工技术资料对应一致,交圈吻合,见图1-1。

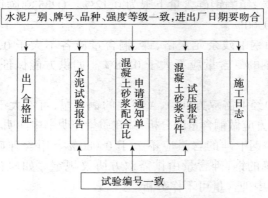

图1-1 施工技术资料系统示意图

1.1.1.2 钢筋

1．钢筋的技术要求

(1)热轧圆盘条

1)牌号和化学成分

(A)盘条的牌号和化学成分(熔炼分析)应符合表1-3的规定。

表1-3

牌 号		化 学 成 分 （%）					脱氧方法	用途
		C	Mn	Si	S	P		
					不大于			
Q195		0.06~0.12	0.25~0.50	0.30	0.050	0.045	F.b.Z	拉丝
Q215	A	0.09~0.15	0.25~0.55	0.30	0.050	0.045	F.b.Z	拉丝
	B				0.045			
Q235	A	0.14~0.22	0.30~0.65	0.30	0.050	0.045	F.b.Z	建筑
	B	0.12~0.20	0.30~0.70		0.045			

(B)沸腾钢硅含量不大于0.07%;半镇静钢硅含量不大于0.17%;镇静钢硅含量下限为0.12%。Q235沸腾钢锰含量上限为0.60%。

(C)钢中残余元素铬、镍、铜含量应各不大于0.30%,氧气转炉钢的氮含量应不大于0.08%。如供方能保证,均可不作分析。

(D)经供需双方同意,A级钢的铜含量,可不大于0.35%。此时,供方应做铜含量的分析,并在质量证明书中注明其含量。

(E)钢中砷的含量应不大于0.080%。用含砷矿冶炼生铁所冶炼的钢,砷含量由供需双方协议规定。如原料中没有砷,对钢中砷含量可不作分析。

(F)在保证盘条力学性能符合本标准规定情况下,各牌号A级钢的碳、锰含量和各牌号B级钢碳、锰含量下限可以不作为交货条件,但其含量(熔炼分析)应在质量证明书中注明。

(G)化学成分允许偏差应符合GB/T222中有关规定。沸腾钢化学成分允许偏差不作保证。

(H)经供需双方协议,可供应其他牌号的盘条。

2)力学性能和工艺性能

供拉丝用盘条的力学性能和工艺性能应符合表1-4的规定。

表1-4

牌号	力 学 性 能		冷弯试验,180° d——弯心直径 a——试样直径
	抗拉强度 σ_b(MPa)不大于	伸长率 δ_{10}(%)不小于	
Q195	420	28	$d = 0$
Q215	420	26	$d = 0.5a$
Q235	470	22	$d = a$

经需方同意并在合同中注明,供拉丝用的盘条亦可按化

学成分交货。

供建筑及包装等用途的盘条力学性能和工艺性能应符合表 1-5 的规定。

表 1-5

牌号	力学性能			冷弯试验,180° d——弯心直径 a——试样直径	用途
	屈服点 σ_s(MPa) 不小于	抗拉强度 σ_b (MPa)不小于	伸长率 δ_{10}(%) 不小于		
Q215	215	335	26	$d=0.5a$	供包装等用
Q235	235	375	22	$d=a$	供建筑用

3)表面质量

盘条表面不得有裂纹、折叠、结疤、耳子、分层及夹杂,允许有压痕及局部的凸块、凹坑、划痕、麻面,但其深度或高度(从实际尺寸算起)不得大于 0.20mm。

盘条表面氧化铁皮重量不大于 16kg/t,如工艺有保证,可不做检验。

(2)热轧直条光圆钢筋

1)牌号及化学成分

①钢的牌号及化学成分(熔炼分析)应符合表 1-6 的规定。

表 1-6

表面形状	钢筋级别	强度代号	牌号	化学成分 (%)				
				C	Si	Mn	P	S
							不大于	
光圆	I	R235	Q235	0.14~0.22	0.12~0.30	0.30~0.65	0.045	0.050

②钢中残余元素铬、镍、铜含量应各不大于 0.30%,氧气转炉钢的氮含量不应大于 0.080%。经需方同意,铜的残余含量可不大于 0.35%。供方如能保证可不作分析。

③钢中砷的残余含量不应大于 0.080%。用含砷矿冶炼生铁所冶炼的钢,砷含量由供需双方协议规定。如原料中没有含砷,对钢中的砷含量可以不作分析。

④钢筋的化学成分允许偏差应符合 GB/T222 的有关规定。

⑤在保证钢筋性能合格的条件下,钢的成分下限不作交货条件。

2)冶炼方法

钢以氧气转炉、平炉或电炉冶炼。

3)交货状态

钢筋以热轧状态交货。

4)力学性能、工艺性能

钢筋的力学性能、工艺性能应符合表 1-7 的规定。冷弯试验时受弯曲部位外表面不得产生裂纹。

表 1-7

表面形状	钢筋级别	强度等级代号	公称直径(mm)	屈服强度 σ_s (MPa)	抗拉强度 σ_b (MPa)	伸长率 δ (%)	冷 弯 d——弯芯直径 a——钢筋公称直径
				不小于			
光圆	Ⅰ	R235	8~20	235	370	25	108° $d=a$

5)表面质量

钢筋表面不得有裂纹、结疤和折叠。

钢筋表面凸块和其他缺陷的深度和高度不得大于所在部位尺寸的允许偏差。

(3)热轧带肋钢筋

1)牌号和化学成分

①钢的牌号应符合表 1-8 的规定,其化学成分和碳当量(熔炼分析)应不大于表 1-8 规定的值。根据需要,钢中还可加入 V、Nb、Ti 等元素。

表1-8

牌号	化学成分(%)					
	C	Si	Mn	P	S	Ceq
HRB 335	0.25	0.80	1.60	0.045	0.045	0.52
HRB 400	0.25	0.80	1.60	0.045	0.045	0.54
HRB 500	0.25	0.80	1.60	0.045	0.045	0.55

②各牌号钢筋的化学成分及其范围可参照表1-9。

表1-9

牌号	原牌号	化学成分(%)						P	S
		C	Si	Mn	V	Nb	Ti	不大于	
HRB 335	20MnSi	0.17~0.25	0.40~0.80	1.20~1.60	—		—	0.045	0.045
HRB 400	20MnSiV	0.17~0.25	0.20~0.80	1.20~1.60	0.04~0.12			0.045	0.045
	20MnSiNb	0.17~0.25	0.20~0.80	1.20~1.60		0.02~0.04		0.045	0.045
	20MnTi	0.17~0.25	0.17~0.37	1.20~1.60			0.02~0.05	0.045	0.045

③碳当量Ceq(%)值可按式(1-1)计算:

$$Ceq = C + Mn/6 + (Cr + V + Mo)/5 + (Cu + Ni)/15 \quad (1-1)$$

④钢的氮含量应不大于0.012%。供方如能保证可不作分析。钢中如有足够数量的氮结合元素,含氮量的限制可适当放宽。

⑤钢筋的化学成分允许偏差应符合GB/T222的规定。碳当量Ceq的允许偏差为+0.03%。

2)交货状态

钢筋以热轧状态交货。

3)力学性能

①钢筋的力学性能应符合表 1-10 的规定。

表 1-10

牌　号	公称直径 (mm)	屈服强度 σ_s (或 $\sigma_{p0.2}$)(MPa)	抗拉强度 σ_b (MPa)	伸长率 δ_5 (％)
		不小于		
HRB 335	6～25 28～50	335	490	16
HRB 400	6～25 28～50	400	570	14
HRB 500	6～25 28～50	500	630	12

②钢筋在最大力下的总伸长率 δ_{gt} 不小于 2.5％。供方如能保证,可不作检验。

③根据需方要求,可供应满足下列条件的钢筋：

（a）钢筋实测抗拉强度与实测屈服点之比不小于 1.25；

（b）钢筋实测屈服强度与表 1-10 规定的最小屈服强度之比不大于 1.30。

4）工艺性能

①弯曲性能

按表 1-11 规定的弯心直径弯曲 180°后,钢筋受弯曲部位表面不得产生裂纹。

表 1-11

牌　号	公称直径 a(mm)	弯曲试验弯心直径
HRB 335	6～25 28～50	$3a$ $4a$
HRB 400	6～25 28～50	$4a$ $5a$
HRB 500	6～25 28～50	$6a$ $7a$

②反向弯曲性能

根据需方要求,钢筋可进行反向弯曲性能试验。

反向弯曲试验的弯心直径比弯曲试验相应增加一个钢筋直径。先正向弯曲45°,后反向弯曲23°。经反向弯曲试验后,钢筋受弯曲部位表面不得产生裂纹。

5) 表面质量

钢筋表面不得有裂纹、结疤和折叠。

钢筋表面允许有凸块,但不得超过横肋的高度,钢筋表面上其他缺陷的深度和高度不得大于所在部位尺寸的允许偏差。

2. 有关规定

(1) 钢筋出厂质量合格证和试验报告单应及时整理,试验单填写做到字迹清楚,项目齐全、准确、真实,且无未了事项。

(2) 钢筋出厂质量合格证和试验报告单不允许涂改、伪造、随意抽撤或损毁。

(3) 钢筋质量必须合格,应先试验后使用,有出厂质量合格证和试验单。需采取技术处理措施的,应满足技术要求并经有关技术负责人批准后,方可使用。

(4) 合格证、试(检)验单或记录单的抄件(复印件)应注明原件存放单位,并有抄件人、抄件(复印)单位的签字和盖章。

(5) 钢筋应有出厂质量证明书或试验报告单,并按有关标准的规定抽取试样作机械性能试验。进场时应按炉罐(批)号及直径分批检验,查对标志、外观检查。

(6) 下列情况之一者,还必须做化学成分检验:

1) 进口钢筋;

2) 在加工过程中,发生脆断、焊接性能不良和机械性能显著不正常的。

(7) 有特殊要求的,还应进行相应专项试验。

(8)集中加工的钢筋,应有由加工单位出具的出厂证明及钢筋出厂合格证和钢筋试验单的抄件。

3. 钢筋出厂质量合格证的验收和进场钢筋的外观质量检查

(1)钢筋出厂质量合格证的验收

钢筋产品合格证由钢筋生产厂家质量检验部门提供给用户单位,用以证明其产品质量已达到的各项规定指标。其内容包括:钢种、规格、数量、机械性能(屈服强度、抗拉强度、冷弯、伸延率)、化学成分(碳、磷、硅、锰、硫、钒等)的数据及结论、出厂日期、检验部门印章、合格证的编号。合格证要求填写齐全,不得漏填或填错。同时须填明批量,如批量较大时,提供的出厂证又较少,可做复印件或抄件备查,并应注明原件证号存放处,同时应有抄件人签字、抄件日期。

钢筋质量合格证上备注栏内由施工单位填明单位工程名称、工程使用部位。如钢筋在加工厂集中加工,其出厂证及试验单应转抄给使用单位。

钢筋进场,经外观检查合格后,由技术员、材料采购员、材料保管员分别在合格证上签字,注明使用工程部位后交资料员保管。合格证应放入材质与产品检验卷内,在产品合格证分目录表上填好相应项目。

(2)进场钢筋的外观质量检查

1)钢筋应逐支检查其尺寸,不得超过允许偏差;

2)逐支检查,钢筋表面不得有裂纹、折叠、结疤、耳子、分类及夹杂,盘条允许有压痕及局部的凸块、凹块、划痕、麻面,但其深度或高度(从实际尺寸算起)不得大于 0.20mm。带肋钢筋表面凸块,不得超过横肋高度,钢筋表面上其他缺陷的深度和高度不得大于所在部位尺寸的允许偏差,冷拉钢筋不得有局部颈缩;

3)钢筋表面氧化铁皮(铁锈)重量不大于16kg/t;

4)带肋钢筋表面标志清晰明了,标志包括强度级别、厂名(汉语拼音字头表示)和直径毫米数字。

4．钢筋的取样试验

(1)钢筋的取样和数量

1)热轧、余热处理和冷轧带肋钢筋

①每批由同一厂别、同一炉罐号、同一规格、同一交货状态、同一进场时间的钢筋组成。热轧带肋钢筋、热轧光圆钢筋、低碳钢热轧圆盘条余热处理钢筋每批数量不得大于60t,冷轧带肋钢筋每批数量不得大于50t。

②每批钢筋取试件一组,其中,热轧带肋、热轧光圆、余热处理钢筋取拉伸试件2个,弯曲试件2个;低碳钢热轧圆盘条取拉伸试件1个,弯曲试件2个;冷轧带肋钢筋拉伸试件逐盘1个,弯曲试件每批2个,必要时,取化学分析试件1个。

③取样方法:

(a)试件应从两根钢筋中截取:每一根钢筋截取一根拉力试件,一根冷弯试件,其中一根再截取化学试件一根。

(b)试件在每根钢筋距端头不小于50cm处截取。

(c)拉伸试件长度应≥标称标距+200mm。

(d)冷弯试件长度应≥标称标距+150mm。

(e)化学试件试样采取方法:

分析用试屑可采用刨取或钻取方法。采取试屑以前,应将表面氧化铁皮除掉,自轧材整个横截面上刨取或者自不小于截面的1/2对称刨取。

垂直于纵轴中线钻取钢屑的,其深度应达钢材轴心处。

供验证分析用钢屑必须有足够的重量。

2)冷拉钢筋

应由不大于 20t 的同级别、同直径冷拉钢筋组成一个验收批，每批中抽取 2 根钢筋，每根取 2 个试样分别进行拉力和冷弯试验。

3）冷拔低碳钢丝

①甲级钢丝的力学性能应逐盘检验，从每盘钢丝上任一端截去不少于 500mm 后再取 2 个试样，分别作拉力和 180°反复弯曲试验，并按其抗拉强度确定该盘钢丝的组别。

②乙级钢丝的力学性能可分批抽样检验。以同一直径的钢丝 5t 为一批，从中任取 3 盘，每盘各截取 2 个试样，分别作拉力和反复弯曲试验；如有 1 个试验不合格，应在未取过试样的钢丝盘中，另取双倍数量的试样，再做各项试验；如仍有 1 个试样不合格，则应对该批钢丝逐盘检验，合格者方可使用。

注：拉力试验包括抗拉强度和伸长率两个指标。

（2）钢筋的必试项目

1）物理必试项目

①拉力试验（屈服强度、抗拉强度、伸长率）；

②冷弯试验（冷拔低碳钢丝为反复弯曲试验）。

2）化学分析

主要分析碳（C）、硫（S）、磷（P）、锰（Mn）、硅（Si）。

（3）钢筋试验的合格判定

钢筋的物理性能和化学成分各项试验，如有一项不符合钢筋的技术要求，则应取双倍试件（样）进行复试，再有一项不合格，则该验收批钢筋判为不合格，不合格钢筋不得使用，并要有处理报告。

（4）钢筋试验报告单的内容、填制方法和要求

钢筋试样报告单中委托单位、工程名称及部位、委托试样编号、试件种类、钢材种类、试验项目、试件代表数量、送样日期、试验委托人由试验委托人（工地试验员）填写。

钢筋试验报告单中试验编号、各项试验的测算数据、试验结论、报告日期由试验室人员依据试验结果填写清楚、准确。试验、计算、审核、负责人员签字要齐全,然后加盖试验章,试验报告单才能生效。

钢筋试验报告单是判定一批钢筋材质是否合格的依据,是施工技术资料的重要组成部分,属保证项目。报告单要求做到字迹清楚,项目齐全、准确、真实。无未了项,没有项目写"无"或划斜杠,试验室的签字盖章齐全。如试验单某项填写错误,不允许涂抹,应在错项上划一斜杠,将正确的填写在其上方,并在此处加盖改错者印章和试验章。

领取钢筋试验报告单时,应验看试验项目是否齐全,必试项目不能缺少,试验室有明确结论和试验编号,签字盖章齐全。要注意看试验单上各试验项目数据是否达到规范规定的标准值,是则验收存档,否则应及时取双倍试样做复试或报有关人员处理,并将复试合格单或处理结论附于此单后一并存档。

5. 整理要求

(1)此部分资料应归入主要原材料、成品、半成品出厂质量证明和试(检)验报告分册中;

(2)合格证应折成16开大小或贴在16开纸上;

(3)各验收批钢筋合格证和试验报告,按批组合,按时间先后顺序排列并编号,不得遗漏;

(4)建立分目录表,并能对应一致。

6. 注意事项

(1)钢筋的材质证明要"双控",各验收批钢筋出厂质量合格证和试验报告单缺一不可。材质证明与实物应物证相符。

(2)钢筋出厂质量合格证应有生产厂家质量检验部门的盖章,质量有保证的生产厂家,钢筋标牌可作为质量合格证。

(3)钢筋试验报告单中应有试验编号,便于与试验室的有关资料查证核实。试验报告单应有明确结论并签章齐全。

(4)领取试验报告后一定要验看报告中各项目的实测数值是否符合规范的技术要求。冷弯应将弯曲直径和弯曲角度都写清楚。

(5)钢筋试验单不合格后应附双倍试件复试合格试验报告单或处理报告。不合格单不允许抽撤。

(6)应与其他施工技术资料对应一致,交圈吻合。相关施工技术资料有:钢筋焊接试验报告、钢筋隐检单、现场预应力混凝土试验记录、现场预应力张拉施工记录、质量验收记录、施工组织设计、技术交底、洽商及竣工图等。

1.1.1.3 钢结构用钢材、连接件及涂料

1. 有关规定

(1)钢材出厂质量合格证和试验报告单应及时整理,试验单填写做到字迹清楚,项目齐全、准确、真实,且无未了项。

(2)钢材出厂质量合格证和试验报告单不允许涂改、伪造、随意抽撤或损毁。

(3)钢材质量必须合格,应先试验后使用,有出厂质量合格证或试验单。需采取技术处理措施的,应满足技术要求并经有关技术负责人批准后方可使用。

(4)合格证、试(检)验单或记录单的抄件(复印件)应注明原件存放单位,并有抄件人、抄件(复印)单位的签字和盖章。

(5)必须有质量证明书,并应符合设计文件的要求,如对钢材的质量有疑义时,必须按规范进行机械性能试验和化学成分检验,合格后方能使用。

(6)钢结构的连接件(摩擦型高强螺栓和其他螺栓及铆钉和防火涂料)应有质量证明书,并符合设计要求和国家规定的标准。

高强螺栓在安装前,按有关规定应复验所附试件的摩擦系数,合格后方可安装。

2. 钢结构用钢材的取样试验

(1)普通碳素结构钢

钢材应成批验收,每批由同一牌号、同一炉罐号、同一等级、同一品种、同一尺寸、同一交货状态组成。每批重量不得大于60t。

用公称容量不大于30t的炼钢炉冶炼的钢或连铸坯轧成的钢材,允许由同一牌号的A级钢或B级钢、同一冶炼和浇注方法、不同炉罐号组成混合批,但每批不多于6个炉罐号,各炉罐号含碳量之差不得大于0.02%,含锰量之差不得大于0.15%。

每批钢材的检验项目、取样数量、取样方法和试验方法应符合表1-12的规定。

表1-12

序号	检验项目	取样数量(个)	取样方法	试 验 方 法
1	化学分析	1 (每炉罐号)	GB222	GB223.1~223.5 GB223.8~223.12 GB223.18~223.19 GB223.23~223.24 GB223.31~223.32 GB223.36
2 3	拉　　伸 冷　　弯	1	GB2975	GB228、GB6397 GB232
4 5	常温冲击 低温冲击	3		GB2106 GB4159

(2)优质碳素结构钢

每批钢材检验的取样部位及试验方法应符合标准规定。

(3)低合金结构钢

钢材应成批验收,每批由同一牌号、同一炉罐号、同一品种、同一尺寸、同一热处理制度(指热处理状态供应)的钢材组成。每批重量不得大于60t。

公称容量不大于30t的炼钢炉冶炼的钢或连铸坯轧成的钢材,允许由同一牌号、同一冶炼方法、不同炉罐号组成混合批。但每批不得多于6个炉罐号,各炉罐号含碳量之差不得大于0.02%,含锰量之差不得大于0.15%。

3．注意事项

(1)钢材的材质证明要"双控",各验收批钢材出厂质量合格证和试验报告单缺一不可。材质证明与实物应物证相符。

(2)钢材出厂质量合格证应有生产厂家质量检验部门的盖章。质量有保证的生产厂家,钢材标牌可作为质量合格证。

(3)钢材试验报告单应有试验编号,便于与试验室的有关资料查证核实。试验报告单应有明确结论并签章齐全。

(4)领取试验报告单后一定要验看报告中各项目的实测数值是否符合规范的技术要求。

(5)钢材试验不合格单后应附双倍试件复试合格试验报告单或处理报告。不合格单不允许抽撤。

(6)应与其他施工技术资料对应一致,交圈吻合,相关技术资料有:钢材焊接试验报告、钢筋隐检单、现场预应力混凝土试验记录、现场预应力张拉施工记录、质量评定、施工组织设计、技术交底、洽商和竣工图。

1.1.1.4　焊条、焊剂和焊药

1．有关规定

(1)焊条、焊剂和焊药应有出厂质量证明书,并应符合设计要求。

(2)焊条、焊剂和焊药需进行烘焙的应有烘焙记录。

(3)焊条、焊剂和焊药的出厂质量合格证和烘焙记录应及时整理,烘焙记录填写做到字迹清晰,项目齐全、准确、真实。

(4)焊条、焊剂和焊药的出厂质量合格证和烘焙记录不允许涂改、伪造、随意抽撤或损毁。其抄件(复印件)应注明原件存放处,并有抄件人、抄件(复印)单位的签字和盖章。

2. 焊条、焊剂和焊药出厂质量合格证的验收

焊条、焊剂和焊药出厂质量合格证应由生产厂家的质检部门提供给使用单位,作为证明其产品质量性能的依据。合格证应注明焊条、焊剂和焊药的型号、牌号、类型、生产日期、有效期限等。对于名牌产品(如大桥牌焊条)可取其包装封皮作为该产品的合格证存档。

3. 烘焙记录

烘焙记录反映焊条、焊剂和焊药的烘焙情况,其内容应包括烘焙方法、时间、测温记录、烘焙鉴定及烘焙、测温人的签字。

4. 注意事项

各种焊条、焊剂和焊药的出厂质量合格证要及时收存,不要遗失,并要折齐贴好。

1.1.1.5 砖和砌块

1. 有关规定

(1)砖出厂质量合格证和试验报告单应及时整理,试验单填写做到字迹清楚,项目齐全、准确、真实,且无未了事项。

(2)砖出厂质量合格证和试验报告单不允许涂改、伪造、随意抽撤或损毁。

(3)砖质量必须合格,应先试验后使用,有出厂质量合格证或试验单。需采取技术处理措施的,应满足技术要求并经有关技术负责人批准后,方可使用。

(4)合格证、试(检)验单或记录单的抄件(复印件)应注明

原件存放单位,并有抄件人、抄件(复印)单位的签字或盖章。

(5)应有出厂质量证明书。

用于承重结构或对其材质有怀疑时,应进行复试(必试项目为强度等级)。

2．砖的取样试验

(1)砖组批原则、取样规定及试验项目

1)烧结普通砖:每15万块为一验收批,不足15万块按一批计。每一验收批随机抽取试样一组(10块)。必试项目:抗压强度;其他项目:抗风化、泛霜、石灰爆裂、抗冻。

2)烧结多孔砖:每5万块为一验收批,不足5万块按一批计。每一验收批随机抽取试样一组(10块)。必试项目:抗压强度;其他项目:冻融、泛霜、石灰爆裂、吸水率。

3)蒸压灰砂砖:每10万块砖为一验收批,不足10万块按一批计。每一验收批随机抽取试样一组(10块)。必试项目:抗压强度、抗折强度;其他项目:密度、抗冻。

(2)砖的必试项目及其合格判定

1)砖的必试项目为:抗压强度

2)砖必试项目合格判定

符合砖技术要求的相应指标为合格。如不合格,应取双倍试样进行复试。再不合格该验收批则判为不合格。

3．注意事项

(1)砖出厂质量合格证应有生产厂家质检部门的合格章。

(2)砖试验报告单应由建筑三级以上资质的试验室签发。

(3)砖试验报告单应有试验编号,便于与试验室的有关资料查证核实。试验报告单应有明确结论并签章齐全。

(4)领取试验报告后一定要验看报告中各项目的实测数值,是否符合规范的技术要求。

(5)砖试验不合格单后应附双倍试件复试合格试验报告单或处理报告。不合格单不允许抽撤。

(6)砖资料应与其他施工技术资料对应一致,交圈吻合。相关施工技术资料有预检记录、质量评定、施工组织设计、技术交底、洽商和竣工图。

1.1.1.6 砂、石

1. 有关规定

(1)砂、石使用前应按产地、品种、规格、批量取样进行试验,内容包括:颗粒级配、密度、表观密度、含泥量、泥块含量。

(2)用于配制有特殊要求的混凝土,还需做相应的项目试验。

(3)砂、石质量必须合格,应先试验后使用,要有出厂质量合格证或试验单。需采取技术处理措施的,应满足技术要求并应经有关技术负责人(签字)批准后,方可使用。

(4)合格证、试(检)验单或记录单的抄件(复印件)应注明原件存放单位,并有抄件人、抄件(复印)单位的签字和盖章。

(5)砂、石应有生产厂家的出厂质量证明书,并应对其品种和出厂日期等检查验收。

(6)有下列情况之一者,必须进行复试,混凝土应重新试配:

1)用于承重结构的砂、石;

2)无出厂证明的;

3)对砂、石质量有怀疑的;

4)进口砂、石。

2. 砂、石的取样试验及试验报告

(1)砂、石试验的取样方法和数量

1)砂子试验应以同一产地,同一规格,同一进厂时间,每

400m³ 或 600t 为一验收批,不足 400m³ 或 600t 时按一验收批计。

2)每一验收批取试样一组,砂数量为 22kg,石子数量 40kg(最大粒径为 10mm、15mm、20mm)或 80kg(最大粒径 30mm、40mm)。

3)取样方法

(A)在料堆上取样时,取样部位均匀分布,取样前先将取样部位表层铲除,然后由各部位抽取大致相等的试样砂 8 份,每份 11kg 以上;石子 15 份(在料堆的顶部、中部和底部各由均匀分布的五个不同的部位取得),每份 5~10kg(20mm 以下取 5kg 以上,30、40mm 取 10kg 以上),搅拌均匀后缩分成一组试样。

(B)从皮带运输机上取样时,应在皮带运输机机尾的出料处,用接料器定时抽取试样,并由砂 4 份试样,每份 22kg 以上;石子 8 份试样,每份 10~15kg(20mm 以下 10kg,30、40mm 取 15kg),搅拌均匀后分成一组试样。

4)建筑施工企业应按单位工程分别取样。

5)构件厂、搅拌站应在砂子进厂时取样,并应根据贮存、使用情况定期复验。

(2)砂、石试验的必试项目

1)砂必试项目:筛分析、含泥量、泥块含量。

2)石必试项目:筛分析、含泥量、泥块含量、针、片状颗粒含量、压碎指标。

(3)试验方法及合格判定

砂、石的试验方法详见《常用建筑材料试验手册》。

砂、石试验各项达到普通混凝土用砂、石的各项技术要求,为合格。

3．注意事项

(1)砂、石及轻骨料试验报告单应有试验编号,便于与试验室的有关资料查证核实,试验报告单应有明确结论并签字盖章;

(2)领取试验报告后,一定要验看报告中各项目的实测数值是否符合相应规范的各项技术要求;

(3)试验不合格的试验单,其后应附有双倍试件复试合格试验报告单或处理报告,不合格单不允许抽撤;

(4)应与其他施工技术资料对应一致,交圈吻合。相关施工技术资料有:混凝土(砂浆)配合比申请单及通知单、混凝土(砂浆)试块抗压强度报告等施工试验资料、施工记录、施工日志、质量评定、施工组织设计、技术交底、洽商和竣工图。

1.1.1.7　外加剂

1．有关规定

(1)凡在北京地区施工的各建设工程必须使用持有"北京市建筑材料使用认证书"的防冻剂,严禁使用未经认证和产品包装未加贴防伪认证标志的防冻剂产品。

(2)外加剂必须有生产厂家的质量证明书。内容包括:厂名、品种、包装、质量(重量)、出厂日期、性能和使用说明。使用前应进行性能的试验。

(3)外加剂出厂质量合格证和试验报告单应及时整理,试验单填写做到字迹清楚,项目齐全、准确、真实且无未了事项。

(4)外加剂出厂质量合格证和试验报告单不允许涂改、伪造、随意抽撤或损毁。

(5)外加剂质量必须合格,应先试验后使用,要有出厂质量合格证或试验单。需采取技术处理措施的,应满足技术要求并应经有关技术负责人批准(签字)后方可使用。

(6)合格证、试(检)验单或记录单的抄件(复印件)应注明原件存放单位,并有抄件人、抄件(复印)单位的签字和盖章。

2．外加剂出厂质量合格证的验收和进场产品的外观检查

(1)外加剂出厂质量合格证的验收

外加剂进场必须有生产厂家的质量证明书。其中:厂名、产品名称及型号、包装重(质)量、出厂日期、主要特性及成分、适用范围及适宜掺量、性能检验合格证(匀质性指标及掺外加剂混凝土性能指标)、贮存条件及有效期、使用方法及注意事项等项要填写清楚、准确、完整。应随附"北京市建筑材料使用认证证书"复印件。确认外加剂产品与质量合格证物证相符合,摘取一份防伪认证标志,附贴于产品出厂质量合格证上,归档保存。

(2)进场产品的外观检查

进场产品的外观检查首先是确认防伪认证标志,然后对照产品出厂质量合格证明书检查产品的包装,有无受潮变质、超过有效限期并抽测质(重)量。

3．外加剂的试验及试验报告

(1)试验项目及其所需试件的制作和数量

外加剂的性能主要由掺外加剂混凝土性能指标和匀质性指标来反映。

外加剂使用前必须进行性能试验并有试验报告和掺外加剂普通混凝土(砂浆)的配合比通知单(掺量)。

试件制作:混凝土试件制作及养护参照《普通混凝土拌合物性能标准试验方法》GBJ80—85进行,但混凝土预养温度为20 ± 3℃。

试验项目及所需数量❶ 详见表1-13。

---

❶ 试验龄期参考外加剂性能指标的试验项目栏。

表 1-13

试验项目	外加剂类别	试验类别	试 验 所 需 数 量			
			混凝土拌合批数①	每批取样数目	掺外加剂混凝土总取样数目	基准混凝土总取样数目
减水率	除早强剂、缓凝剂外各种外加剂	混凝土拌合物	3	1次	3次	3次
坍落度 含气量 泌水率 凝结时间	各种外加剂	混凝土拌合物	3 3 3 3	1次 1个 1个 1个	3次 3个 3个 3个	3次 3个 3个 3个
抗压强度 收缩	各种外加剂	硬化混凝土	3 3	12或15块 1块	36或45块 3块	36或45块 3块
钢筋锈蚀		新拌或硬化砂浆	3	1块	3块	3块
相对耐久性指标	引气剂、引气减水剂	硬化混凝土	3	1块	3块	3块

①试验时,检验一种外加剂的三批混凝土要在同一天内完成。

(2)外加剂试验报告的内容、填制方法和要求

外加剂试验报告见表 1-14 表样。

材 料 试 验 报 告　　表 1-14

委托单位：	委托人：
工程名称：	用途：
样品名称：	产地、厂别：
要求试验项目：	试样收到日期：

试样结果：

结论：

负责人：　　审核：　　计算：　　试验：
　　　　　　　　　　　　　　　　报告日期　　年　　月　　日
注:无专用表时,用此通用表。

表1-14中委托单位、委托人、工程名称、用途、样品名称、产地、厂别、试样收到日期、要求试验项目,由试验委托人(工地试验员)填写。其他部分由试验室人员依据试验测算结果填写清楚、准确、完整。

领取外加剂试验报告单时,应验看要求试验项目是否试验齐全,各项试验数据是否达到规范规定值和设计要求,结论要明确,试验室编号、签字、盖章要齐全。试验有不符合要求的项目,应及时复试或报工程技术负责人进行处理,复试合格试验单和处理结论,附于此单后一并存档。

4. 注意事项

(1)外加剂出厂质量合格证应有生产厂家质量部门的盖章,防冻剂必须有防伪认证标志。

(2)外加剂试验报告应由相应资质等级的建筑试验室签发。

(3)外加剂的使用应在其有效期内,查对产品出厂合格证和混凝土、砂浆施工试验资料及施工日志,可知是否超期。

(4)外加剂试验报告单中应有试验编号,便于与试验室的有关资料查证核实。试验报告单应有明确结论并签章齐全。

(5)领取试验报告后一定要验看报告中各项目的实测数值是否符合规范的技术要求。冷弯应将弯曲直径和弯曲角度都写清楚。

(6)外加剂试验不合格单后应附双倍试件复试合格试验报告单或处理报告。不合格单不允许抽撤。

(7)外加剂资料应与其他施工技术资料对应一致,交圈吻合,相关施工技术资料有:混凝土、砌筑砂浆的配合比申请单和通知单、试件试压报告单、施工记录、施工日志、预检记录、隐检记录、质量评定、施工组织设计、技术交底和洽商记录。

1.1.1.8 防水材料

1. 有关规定

(1)油毡应有出厂质量证明书,内容包括品种、标号等各项技术指标,并应抽样检验,检验内容为不透水性、拉力、柔度和耐热度。

(2)沥青

1)在使用前应进行试验,试验的内容为针入度、软化点和延度。

2)在配制玛琋脂或直接使用普通石油沥青时,均应按规范要求作耐热度、粘结力、柔韧性三项试验。配制玛琋脂或两种不同标号沥青混用时,还应有试配单。

(3)其他防水材料

须有"使用认证书"和进场复试报告单。

(4)凡在北京地区施工的建筑防水工程(含新建、扩建、改建、维修)必须采用持有"北京市建筑防水材料使用认证证书"的防水材料。

(5)认证产品须在产品出厂合格证和外包装上加贴北京市建筑防水材料使用认证防伪标志,各施工单位不得采购和使用无防伪认证标志的产品。

(6)凡属新开发、尚在试用的防水材料和国外进口材料暂不予认证。施工单位使用新材料和国外进口材料,须经市建筑材料质量监督检验站检验合格,并报市建委科技处审批。

(7)执行使用认证技术指标(BJ/RZ××)的防水材料品种,今后如国家标准或行业标准颁布,并且其主要指标高于使用认证技术指标的,自生效之日起,其认证、复查和施工单位复试按国家标准或行业标准进行。

(8)施工单位在对防水材料复试中发现已经认证的产品

达不到国家标准、行业标准或使用认证技术指标的,除不准使用外,应向市建材行管办市场管理处和市建筑材料质量监督检验站举报。

(9)防水材料出厂质量合格证和试验报告单应及时整理,试验单填写做到字迹清楚,项目齐全、准确、真实,且无未了项。

(10)防水材料出厂质量合格证和试验报告单不允许涂改、伪造、随意抽撤或损毁。

(11)防水材料质量必须合格,应先试验后使用,有出厂质量合格证或试验单。需采取技术处理措施的,应满足技术要求并经有关技术负责人批准后,方可使用。

(12)合格证、试(检)验单或记录单的抄件(复印件)应注明原件存放单位,并有抄件人、抄件(复印)单位的签字和盖章。

2.防水材料出厂质量合格证的验收和进场防水材料的外观检查

(1)防水材料出厂质量合格证的验收

1)沥青产品合格证应由生产厂家提供给用户单位,用以证明其产品符合标准。内容包括:品种、标号、产地及各项试验指标、合格证编号、出厂日期、厂检验部门印章。

2)防水卷材产品出厂时,生产厂家需将该批产品检验结果与合格证提供给用户(出厂检验、包装、标志、重量、面积、毡(纸)面外观和物理性能)。合格证上应有北京市建筑防水材料使用认证防伪标志。

3)其他防水材料还应有"北京市建筑防水材料使用认证书"(复印件)。新材料和国外进口材料,应有市建筑材料质量监督检验站检验合格证和市建委科技处的审批文件。

4)产品合格证要求填写项目齐全,无错、漏填项目,并有厂检验部门印章。

(2)进场防水材料的外观检查

1)卷重:在每批产品中抽取 10 卷进行检验,全部达到规定时即为卷重合格。若发现有低于规定指标者,应在该批产品中再抽 10 卷复查,全部达到指标时方为卷重合格。若仍有不合格时,生产单位可以进行整理,剔出不合格品后再取 10 卷称重,全部达到指标时判该批产品卷重合格,若卷重仍有低于规定时,判该批产品卷重不合格。

2)面积和外观:在卷重检验合格后的产品中,抽取 3 卷进行检验,全部指标达到要求时即为面积、外观合格。若其中有一项达不到要求,应在受检验产品中再抽 3 卷复查,全部达到要求时方为面积、外观合格。若仍有未达到要求时,应由原生产单位进行开卷整理,剔除不合格品后,判该批产品面积、外观合格。

3. 防水材料的取样试验及试验报告

(1)防水材料的取样方法和数量

1)石油沥青试验的取样方法和数量

①石油沥青同一产地、同一品种、同一规格标号,每 20t 为一验收批,不足 20t 时按一批计。

②每一验收批,取试样 1kg。

③取样方法:

在料堆上取样时,取样部位应均匀分布(不少于 5 处),每处取洁净、等量的试样共 1kg。

2)防水卷材试验的取样方法和数量

①以同一生产厂家、同一品种、标号、等级的产品每 1000 卷内为一验收批,不足 1000 卷者按一验收批计。

②抽样:在重量检验合格的 10 卷中取重量最轻的,外观、面积合格的无接头的一卷作为物理性能试验,若最轻的一卷不符合抽样条件时,可取次轻的一卷,但要详细记录。

③将取样的一卷卷材切除距外层卷头 2500mm 后,顺纵向截取长度为 500mm 的全幅卷材两块,一块作物理性能试验试件用,另一块备用。

④按图 1-2 所示的部位及表 1-15 规定的尺寸和数量切取试件。

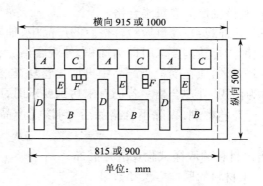

图 1-2 试件切取部位示意图

试件尺寸和数量　　　　表 1-15

试 验 项 目	部 位 号	试件尺寸(mm)	数 量
浸涂材料含量	A	100×100	3
不 透 水 性	B	150×150	3
吸 水 性	C	100×100	3
拉 力	D	250×50	3
耐 热 变	E	100×50	3
柔 度　纵向	F	60×30	3
横向	F'	60×30	3

(2)防水材料试验的必试项目

1)石油沥青的必试项目:软化点、针入度、延度。

2)卷材的必试项目:拉力试验、耐热度试验、不透水性试验、柔度试验。

(3)防水材料试验的合格判定

1)石油沥青:

三个必试项目试验数据均达到石油沥青技术要求的规定值,为合格。

2)卷材:

浸涂总量、吸水率、拉力:各项3个试件测定结果的算术平均值达到规定指标时,即判该项合格。

耐热度、不透水性:各项3个试件分别达到规定指标时判为该项合格。

柔度:6个试件至少有5个试件达到规定指标即判该项合格。

判定:检验结果符合各项物理性能指标时,产品为物理性能合格。若有一项不符合指标要求,应在该批产品中再抽取10卷称重,取重量合格的最轻的两卷为试样,进行单项复验,达到指标要求时,该批产品为物理性能合格。若复验仍有一个试样不合格,则该产品物理性能不合格。

4.注意事项

(1)防水材料的材质证明要"双控",各验收批防水材料出厂质量合格证和试验报告单缺一不可。材质证明和实物应物证相符。

(2)防水材料质量出厂合格证应有生产厂家质量检验部门的盖章及防伪认证标志。

(3)防水材料材质证明应有试验编号,便于与试验室的有关资料查证核实,材质证明应有明确结论并签章齐全。

(4)领取防水材料材质证明一定要验看各项目的实测数值是否符合规范的技术要求。

(5)防水材料材质证明不合格单后应附双倍试件复试合格试验报告单或处理报告。不合格单不允许抽撤。

(6)防水材料材质证明资料应与其他技术资料对应一致,交圈吻合。相关施工技术资料有施工记录、施工日志、隐检记录、施工组织设计、技术交底、工程质量检验评定、设计变更洽商和竣工图。

1.1.1.9 预制混凝土构件

1. 预制混凝土构件的分类和质量要求

(1)分类:根据北京地区构件的使用功能、构造特点及其生产工艺,划分为四类:

1)板类:包括各种空心楼板、大楼板、槽形板、楼梯、阳台和T形板以及薄壁空心构件烟道、垃圾道等品种。

2)墙板类:包括内外墙板、挂壁板、内隔墙板、阳台隔板、条板、女儿墙板等品种。

3)大型梁、柱类:包括各种预应力或非预应力大梁、吊车梁、基础梁、框架梁、天窗架、屋架、桁架、大型柱、框架柱和基桩等品种。

4)小型板、梁、柱类:包括沟盖板、挑檐板、栏板、窗台板、拱板、方砖和过梁檩条及3m以内小型梁板等品种。

(2)质量标准:质量标准包括"基本要求"、"内外缺陷质量要求"和"规格尺寸允许偏差"三部分。

基本要求:构件出池、起吊和预应力筋放松、张拉时的混凝土强度,必须符合设计要求及规范规定。设计无要求时,均不得低于设计强度的70%。

预应力筋孔道灌浆的质量,应符合规范规定。

构件混凝土试块,在标准养护条件下28d的强度,必须符合施工规范的规定。

2. 有关规定

(1)预制混凝土构件应有出厂合格证,国家实行产品许可证的(预应力短向圆孔板、预应力长向圆孔板、大型屋面板),应按规定有产品许可证编号。

(2)预制混凝土构件的出厂合格证应及时收集、整理,不允许涂改、伪造、随意抽撤或损毁。

(3)预制混凝土构件的质量必须合格,如需采取技术处理措施的,应满足有关技术要求,并经有关技术负责人和设计人批准签认后,方可使用。

(4)预制混凝土构件合格证的抄件(复印件)应注明原件存放单位,并有抄件人、抄件(复印)单位的签字和盖章。

3. 预制混凝土构件出厂合格证的验收和进场预制混凝土构件的外观、实测检查

(1)预制混凝土构件应由生产厂家质检部门提供给使用单位作为证明其产品质量的依据。资料员应及时催要和验收。预制混凝土构件出厂合格证中应有委托单位、工程名称、合格证编号、合同编号、构件名称、型号、数量和生产日期、混凝土的设计强度等级、配合比编号、出厂强度、主筋的种类及规格、机械性能、结构性能、生产许可证等。各项应填写齐全,不得错、漏填。

(2)进场预制混凝土构件应逐件逐项进行外观检查并应抽5%的构件进行允许偏差项目的实测实量。检查、量测的标准详见预制混凝土构件的质量要求。

4. 注意事项

(1)预制混凝土构件出厂合格证应有生产厂家质检部门

的盖章。

（2）预制混凝土构件出厂合格证应有编号和生产日期，以便于和构件厂的有关资料查证核实。

（3）要验看合格证中各项目数据是否符合规范规定值。

（4）如预制混凝土构件有质量问题，经有关技术负责人和设计人批准签认后采取技术措施的，应在合格证上注明使用的工程项目和部位。

（5）预制混凝土构件合格证应与实际所用预制混凝土构件物证吻合、批次对应。

（6）预制混凝土构件合格证应与其他施工技术资料对应一致，交圈吻合。相关施工技术资料有：施工试验记录、施工记录、施工日志、隐检记录、预检记录、施工组织设计、技术交底工程质量检验评定、设计变更、洽商记录和竣工图。

1.1.1.10 新材料、新产品

凡使用新材料、新产品、新工艺、新技术的，应有鉴定证明，要有产品质量标准、使用说明和工艺要求，使用前，应按其质量标准进行检验。

1. 新材料、新产品的鉴定证明

新材料、新产品的鉴定证明必须是部级以上部门签发，经法定检测部门鉴定。证明上要有国家技术监督局的认证标志"**MA**"。鉴定证明必须包括材料或产品名称、生产厂家名称或产地、组成成分、性能测试数据、适用范围等内容。

2. 新材料、新产品的质量标准、使用说明和工艺要求

新材料、新产品的质量标准是进场新材料、新产品的检验依据，必须由生产厂家提供。使用单位要及时索要，并依据其对所用新材料、新产品进行外观检查和抽样测试。

新材料、新产品使用说明和工艺要求要随新材料、新产品

而来,使用前必须认真阅读,并作为施工技术资料存档。

3. 新材料、新产品的检验记录

新材料、新产品进场必须按其质量标准进行检验并做好检验记录,记录包括检验项目、取样方法和数量、检测数据、结论及参加单位人员的签章。

4. 整理方法

(1)此部分资料应归入原材料、半成品、成品出厂质量证明和质量试(检)验报告分册中;

(2)应折成 16 开大小;

(3)要排序编号,列分目录与之对应。

5. 注意事项

各项资料务必收集齐全,保存完整。

1.1.1.11 其他材料要求

1. 掺合料

使用粉煤灰、蛭石粉、沸石粉等掺合料应有质量证明书和试验报告。

2. 保温材料

应有出厂合格证。厚度、密度及热工性能应符合设计要求。

3. 门窗

应有出厂合格证,并符合北京市建委《准用证》的规定。

4. 轻质隔墙材料

应有出厂合格证,并符合国家和市有关标准规定。

5. 玻璃幕墙使用的骨架、连接件、玻璃粘结材料等

应有质量证明书和性能试验报告。

1.1.2 施工试验记录

1.1.2.1 回填土、灰土、砂和砂石

回填土、灰土、砂和砂石可统称为回填土。

回填土一般包括柱基、基槽管沟、基坑、填方、场地平整、排水沟、地(路)面基层和地基局部处理回填的素土、灰土、砂和砂石等。

1. 取样

回填土必须分层夯压密实,并分层、分段取样做干密度试验。施工试验资料主要是取样平面位置图和回填土干密度试验报告。

(1)取样数量

1)柱基:抽查柱基的10%,但不少于五点;

2)基槽管沟:每层按长度 20~50m 取一点,但不少于一点;

3)基坑:每层 100~500m² 取一点,但不少于一点;

4)挖方、填方:每 100~500m² 取一点,但不少于一点;

5)场地平整:每 400~900m² 取一点,但不少于一点;

6)排水沟:每层按长度 20~50m 取一点,但不少于一点;

7)地(路)面基层:每层按 100~500m² 取一点,但不少于一点。

各层取样点应错开,并应绘制取样平面位置图,标清各层取样点位。

(2)取样方法

1)环刀法:每段每层进行检验,应在夯实层下半部(至每层表面以下 2/3 处)用环刀取样。

2)罐砂法:用于级配砂石回填或不宜用环刀法取样的土质。

采用罐砂法取样时,取样数量可较环刀法适当减少。取样部位应为每层压实后的全部深度。

取样应由施工单位按规定现场取样,将样品包好、编号(编号要与取样平面图上各点位标示一一对应),送试验室试验。如取样器具或标准砂不具备,应请试验室来人现场取样进行试验。施工单位取样时,宜请建设单位参加,并签认。

2．试验报告

(1)填写

土的干密度试验报告见表1-16表样。

土的干密度试验报告 表1-16

委托单位	试验编号
工程名称	施工部位
填土种类	土　　质
要求最小干密度	g/cm³

步数＼点数	1	2	3	4	5	6	7	8	9	10
取样位置草图	
结论	

负责人：　　审核：　　计算：　　试验：

试验日期：　年　月　日

土的干密度试验报告表中委托单位、工程名称、施工部位、填土种类、要求最小干密度,应由施工单位填写清楚、齐全。步数、取样位置草图由取样单位填写清楚。

工程名称：要写具体。

施工部位：一定要写清楚。

填土种类：具体填写指素土、$m:n$ 灰土（如 3:7 灰土）、砂或砂石等。

土质：是指黏质粉土、粉质黏土、黏土等。

要求最小干密度：设计图纸有要求的，填写设计要求值；设计图纸无要求的应符合下列标准：

素土：一般情况下应 $\geqslant 1.65 \text{g}/\text{cm}^3$；黏土 $\geqslant 1.49 \text{g}/\text{cm}^3$。

灰土：黏质粉土要求最小干密度 $1.55 \text{g}/\text{cm}^3$；粉质黏土要求最小干密度 $1.50 \text{g}/\text{cm}^3$；黏土要求最小干密度 $1.45 \text{g}/\text{cm}^3$。

砂不小于在中密状态时的干密度，中砂 $1.55 \sim 1.60 \text{g}/\text{cm}^3$。

砂石要求最小干密度 $2.1 \sim 2.2 \text{g}/\text{cm}^3$。

(2) 收验、存档

领取试验报告时，应检查报告是否字迹清晰，无涂改，有明确结论，试验室盖章、签字齐全。如有不符合要求的应提出，由试验室补齐。涂改处盖试验章，注明原因，不得遗失。试验报告取回后应归档保存好，以备查验。

(3) 合格判定

填土压实后的干密度，应有 90% 以上符合设计要求，其余 10% 的最低值与设计值的差，不得大于 $0.08 \text{g}/\text{cm}^3$，且不得集中。

试验结果不合格，应立即上报领导及有关部门及时处理。试验报告不得抽撤，应在其上注明如何处理，并附处理合格证明，一起存档。

3. 注意事项

(1) 取样平面位置图按各层、段将取样点标示完整、清晰、准确，与土壤干密度试验报告各点能一一对应，并要注明回填土的起止标高；

(2)取样数量不应少于规定点数;

(3)回填各层夯压密实后取样,不按虚铺厚度计算回填土的层数;

(4)砂和砂石不能用做表层回填土,故回填表层应回填素土或灰土;

(5)回填土质、填土种类、取样、试验时间等,应与地质勘察报告、验槽记录、有关隐、预检、施工记录、施工日志及设计洽商分项工程质量验收相对应,交圈吻合。

4.整理要求

应将全部取样平面位置图和回填土干密度试验报告按时间先后顺序装订在一起,编号建立分目录并使之相对应,装订顺序为:

(1)分目录表;

(2)取样平面位置图;

(3)回填土干密度试验报告。

1.1.2.2 砌筑砂浆

砌筑砂浆是指砖石砌体所用的水泥砂浆和水泥混合砂浆。

1.试配申请和配合比通知单

砌筑砂浆的配合比都应经试配确定。施工单位应从现场抽取原材料试样,根据设计要求向有资质的试验室提出试配申请,由试验室通过试配来确定砂浆的配合比。砂浆的配合比应采用重量比。试配砂浆强度应比设计强度提高15%。施工中要严格按照试验室的配比通知单计量施工,如砂浆的组成材料(水泥、掺合料和骨料)有变更,其配合比应重新试配选定。

(1)砌筑砂浆的原材料要求

1)水泥:应有出厂合格证明。用于承重结构的水泥、无出厂证明水泥、水泥出厂超过该品种存放规定期限;或对质量有怀疑的水泥及进口水泥等应在试配前进行水泥复试,复试合格才可使用。

2)砂:砌筑砂浆用砂宜采用中砂,并应过筛,不得含有草根等杂物。

水泥砂浆和强度等级不小于 M5 的水泥混合砂浆,砂的含泥量不应超过 5%;强度等级小于 M5 的水泥混合砂浆,砂的含泥量不应超过 10%(采用细砂的地区,砂的含泥量可经试验后酌情放大)。

3)石灰膏:砌筑砂浆用石灰膏应由生石灰充分熟化而成,熟化时间不得少于 7d。要防止石灰膏干燥、冻结和污染,脱水硬化的石灰膏要严禁使用。

4)水:拌制砂浆的水应采用不含有害物质的纯净水。

(2)砂浆配合比申请单

砂浆配合比申请单式样见表 1-17。

砂浆配合比申请单 表 1-17

委托单位:	工程名称:	电 话:	
砂浆种类:	强度等级:	施工部位:	
水泥品种及强度等级:	厂 别:	出厂日期:	试验编号:
		进厂日期:	
砂子产地:	细度模数:	含泥量:	试验编号:
掺合料种类:	申请日期:	使用日期:	申请人:

砂浆配合比申请单由施工单位根据设计图纸要求填写,所有项目必须填写清楚、明了,不得有遗漏、空项。若水泥、砂子尚未做试验,应先试验水泥、砂子,合格后再做试配。试验编号必须填写准确、清楚。

(3)配合比通知单式样

配合比通知单式样见表 1-18。

砂浆配合比通知单 表1-18

试验编号:

强度等级	配合比					每立方米材料用量(kg)				
	水泥	白灰膏	砂子	掺合料	外加剂	水泥	白灰膏	砂子	掺合料	外加剂

提要:砂浆稠度为7~10cm,白灰膏沉入度为12cm。
负责人: 审核: 计算: 试验
　　　　　　　　　　　　　报告日期:　年　月　日

配合比通知单是由试验单位根据试配结果,选取最佳配合比填写签发的。施工中要严格按配比计量施工,施工单位不能随意变更。配合比通知单应字迹清晰、无涂改、签字齐全等。施工单位应验看,并注意通知单上的备注、说明。

2. 抗压试验报告

(1)试块留置

基础砌筑砂浆以同一砂浆品种、同一强度等级、同一配合比、同种原材料为一取样单位,砌体超过250m³,以每250m³为一取样单位,余者计为一取样单位。

每一取样单位标准养护试块的留置组数不得少于1组(每组6块),还应制作同条件养护试块、备用试块各1组。试样要有代表性,每组试块(包括相对应的同条件备用试块)的试样必须取自同一次拌制的砌筑砂浆拌合物。

(2)砂浆试块试压报告式样见表1-19

砂浆试块试压报告中上半部项目应由施工单位填写齐全、清楚。施工中没有的项目应划斜线或填写"无"。

砂浆试块试压报告　　　　表 1-19

试验编号：

委托单位：　　　　　　　　工程名称及部位：
砂浆种类：　　　　　　　　砂浆强度等级：　　　　　稠度：　　　cm
水泥品种及强度等级：　　　砂子产地：　　　　　　　砂子细度模数：
掺合料种类：　　　　　　　外加剂种类：

砂浆配合比编号	配合比					每立方米砂浆各种材料用量(kg)				
	水泥	砂子	白灰膏	掺合料	外加剂	水泥	砂子	白灰膏	掺合料	外加剂

制模日期：　　　养护条件：　　　要求龄期：　　　要求试压日期：
试块收到日期：　　委托试验负责人：　　　　　试块制作人：

试件编号	实际龄期	试压日期	试件规格	受压面积(mm^2)	压力(kN)		平均极限强度(N/mm^2)	达到设计强度(%)	备注
					单块	平均			

备注

负责人：　　复核：　　　　计算：　　　　　试验：
　　　　　　　　　　　　　　　　　　　报告日期：　　年　月　日

其中工程名称及部位要填写详细、具体，配合比要依据配合比通知单填写，水泥品种及强度等级、砂子产地、细度模数、掺和料及外加剂要据实填写，并和原材料试验单、配合比通知单对应吻合。作为强度评定的试块，必须是标准养护 28d 的试块，龄期 28d 不能迟或者早，要推算准确试压日期，填写在要求试压日期栏内，交试验室试验。

领取试压报告时，应验看报告中是否字迹清晰、无涂改，签章齐全,结论明确,试压日期与要求试压日期是否符合。同组试块抗压强度的离散性和达到设计强度的百分数是否符合规范要求,合格存档,否则应通知有关部门和单位进行处理或更正后再归档保存。

3. 砂浆试块强度统计评定

砂浆试块试压后,应将试压报告按时间先后顺序装订在一起并编号,及时登记在砂浆试块试压报告目录表中,表样见表1-20。

混凝土(砂浆)试块试压报告目录表　　表1-20

共　　页
第　　页

单位工程名称

序号	试验编号	制作日期	部位名称	混凝土(砂浆)强度				达到设计强度(%)	备注
				图纸要求	施工使用	R7	R28		

续表

序号	试验编号	制作日期	部位名称	混凝土(砂浆)强度				达到设计强度(%)	备 注
				图纸要求	施工使用	R7	R28		

单位工程竣工后应对砂浆强度进行统计评定。砂浆强度按单位工程为同一验收批，参加评定的标准养护 28d 试块的抗压强度，基础结构工程所用砌筑砂浆如与主体结构工程的品种相同，应作为一个验收批进行评定，否则，按品种、强度等级相同的砌筑砂浆强度分别进行统计评定。其合格判定标准为：

(1)同品种、同强度等级砂浆各组试块的平均强度不小于 $f_{m,k}$。

(2)任意一组试块的强度不小于 $0.75 f_{m,k}$。

(3)当单位工程仅有一组试块时，其强度不应低于 $f_{m,k}$。

注：$f_{m,k}$——砂浆(立方体)抗压强度标准值。

统计评定表格可参照"混凝土试块强度表"。统计评定记录表自行设计，亦可利用"混凝土(砂浆)试块试压报告目录表"。但表中工程名称、结构部位、设计强度、养护方法、龄期、试块组数、各组强度值、强度平均值、最小值、评定公式结论、制表、计算及负责人等栏目不应缺少。

凡强度未达到设计要求的砂浆要有处理措施。涉及承重结构砌体强度需要检测的,应经法定检测单位检测鉴定,并经设计人签认。

4. 注意事项

(1)原材料材质报告、试配单、试块试压报告及实际用料要物证吻合,各单据与施工日志中日期、代表数量一致、交圈。

(2)按规定每组应留置6块试块,砂浆标养试块龄期28d要准,非标养试块养护要做测温记录。

(3)工程中各品种、各强度等级的砌筑砂浆都要按规范要求留置试块,不得少留或漏留。

(4)不得随意用水泥砂浆代替水泥混合砂浆。如有代换,必须有代换洽商手续。

(5)单位工程的砂浆强度要进行统计评定,且按同一品种、强度等级、配合比分别进行评定。单位工程中同批仅有一组试块时,也要进行强度评定,其强度不低于$f_{m,k}$。

5. 整理要求

(1)基础砌筑砂浆的施工试验资料包括:

1)砂浆配合比申请单;

2)砂浆配合比通知单;

3)砂浆试块试压报告。

(2)应将上述各种施工试验资料分类、按时间先后顺序收集在一起,不能有遗漏,并编号建立分目录使之相对应。收集排列顺序为:

1)分目录表;

2)砂浆配合比申请单、通知单;

3)砂浆试块试压报告目录表;

4)砂浆试块抗压强度统计评定表;

5)砂浆试块抗压报告。

1.1.2.3 混凝土

1. 配合比申请单和配合比通知单

凡工程结构用混凝土应有配合比申请单和试验室签发的配合比通知单。施工中如主要材料有变化,应重新申请试配。

(1)试配的申请

工程结构需要的混凝土配合比,必须经有资质的试验室通过计算和试配来确定。配合比要用重量比。

混凝土施工配合比,应根据设计的混凝土强度等级、质量检验以及混凝土施工和易性的要求确定,由施工单位现场取样送试验室,填写混凝土配合比申请单并向试验室提出试配申请。对抗冻、抗渗混凝土,应提出抗冻、抗渗要求。

1)取样:应从现场取样,一般水泥 12kg,砂、石各 20~30kg。

2)混凝土配合比申请单式样见表 1-21。

混凝土配合比申请单 表 1-21

委托单位:	工程名称:	施工部位:
设计强度等级:	申请强度等级:	要求坍落度:
其他技术要求:		
搅拌方法:	浇捣方法:	养护方法:
水泥品种及强度等级:	厂别及牌号:	出厂日期: 试验编号:
		进场日期:
砂子产地及品种:	细度模数:	含泥量: 试验编号:
石子产地及品种:	最大粒径:	含泥量: 试验编号:
其他材料:		
掺合料名称:	外加剂名称:	
申请日期: 使用日期:	申请负责人:	联系电话:

混凝土配合比申请单中的项目都应填写,不要有空项,没有的项目填写"无"或划斜杠。混凝土配合比申请单至少一式三份。

其中工程名称要具体,施工部位要注明。

申请试配强度:混凝土的施工配制强度可按式(1-1)确定:

$$f_{cu,0} = f_{cu,k} + 1.645\sigma \tag{1-1}$$

式中 $f_{cu,0}$——混凝土的施工配制强度(N/mm²);

$f_{cu,k}$——设计的混凝土强度标准值(N/mm²);

σ——施工单位的混凝土强度标准差(N/mm²)。

施工单位的混凝土强度标准差应按下列规定确定:

①当施工单位具有近期的同一品种混凝土强度资料时,其混凝土强度标准差 σ 应按式(1-2)计算:

$$\sigma = \sqrt{\frac{\sum_{i=1}^{N} f_{cu,i}^2 - N\mu_{f_{cu}}^2}{N-1}} \tag{1-2}$$

式中 $f_{cu,i}$——统计周期内同一品种混凝土第 i 组试件的强度值(N/mm²);

μ_{fcu}——统计周期内同一品种混凝土 N 组强度的平均值(N/mm²);

N——统计周期内同一品种混凝土试件的总组数,$N \geq 25$。

注:①"同一品种混凝土"系指混凝土强度等级相同且生产工艺和配合比基本相同的混凝土;

②对预拌混凝土和预制混凝土构件厂,统计周期可取为 1 个月,对现场拌制混凝土的施工单位,统计周期可根据实际情况确定,但不宜超过 3 个月;

③当混凝土强度等级为 C20 或 C25 时,如计算得到的 $\sigma < 2.5$N/mm²,取 $\sigma = 2.5$N/mm²;当混凝土强度等级高于 C25 时,如计算得到的 $\sigma < 3.0$N/mm²,取 $\sigma = 3.0$N/mm²。

②当施工单位不具有近期的同一品种混凝土强度资料

时,其混凝土强度标准差 σ 可按表1-22取用。

σ 值(N/mm^2) 表1-22

混凝土强度等级	低于C20	C20~C35	高于C35
σ	4.0	5.0	6.0

注:在采用本表时,施工现场可根据实际情况,对 σ 值作适当调整。

要求坍落度:

结构所需混凝土坍落度可参照表1-23。

混凝土浇筑时的坍落度(mm) 表1-23

结 构 种 类	坍 落 度
基础或地面等的垫层,无配筋的大体积结构(挡土墙、基础等)或配筋稀疏的结构	10~30
板、梁和大型及中型截面的柱子等	30~50
配筋密列的结构(薄壁、斗仓、筒仓、细柱等)	50~70
配筋特密的结构	70~90

注:1. 本表系采用机械振捣混凝土时的坍落度,当采用人工捣实混凝土时其值可适当增大;
2. 当需要配制大坍落度混凝土时,应掺用外加剂;
3. 曲面或斜面结构混凝土的坍落度应根据实际需要另行选定;
4. 轻骨料混凝土的坍落度,宜比表中数值减少10~20mm。

干硬性混凝土填写的工作度:

水泥:承重结构所用水泥必须进行复试,如尚未做试验,试验合格后再做试配。

进场日期:指水泥运到施工单位的时间。

试验编号必须填写。

砂、石:混凝土用砂、石应先做试验,配合比申请单中砂、石各项目要依照砂、石试验报告填写。一般高于或等于C30和有抗冻、抗渗或其他特殊要求的混凝土用砂,其含泥量按重量计不大于3%,石子含泥量不大于1%;低于C30的混凝土用砂含泥量不大于5%,石子含泥量不大于2%。

其他材料、掺合料、外加剂有则按实际填写,没有则写"无"或划斜杠,不应空缺。

(2)配合比通知单

配合比通知单(式样见表1-24)是由试验室经试配,选取最佳配合比填写签发的。施工中要严格按此配合比计量施工,不得随意修改。

混凝土配合比通知单　　　　表1-24

编号:

强度等级	水灰比	砂率(%)	水泥(kg)	水(kg)	砂(kg)	石(kg)	掺合料	外加剂	配合比	试配编号

备注

负责人:　　审核:　　　　计算:　　　　试验:

报告日期:　　年　月　日

施工单位领取配合比通知单后,要验看是否字迹清晰、签章齐全、无涂改、与申请要求吻合,并注意配合比通知单上的备注说明。

混凝土配合比申请单及通知单是混凝土施工试验的一项重要资料,要归档妥善保存,不得遗失、损坏。

2.混凝土试件的制作、养护和抗压强度试验报告检查混凝土质量应做抗压强度试验。当有特殊要求时，还需做抗冻、抗渗等试验。

(1)普通混凝土强度试验的试件留置

评定结构构件的混凝土强度应采用标准试件的混凝土强度，即按标准方法制作的边长为 150mm 的标准尺寸的立方体试件，在标准养护至 28d 龄期时按标准试验方法测得的混凝土立方体抗压强度。

用于检查结构构件混凝土质量的试件留置应符合下列规定：

1)每拌制 100 盘且不超过 $100m^3$ 的同配合比的混凝土，其取样不得少于 1 次；

2)每工作班拌制的同配合比的混凝土不足 100 盘时，其取样不得少于 1 次；

3)对现浇混凝土结构，其试件的留置尚应符合以下要求：

（A）每一现浇楼层同配合比的混凝土，其取样不得少于1次；

（B）同一单位工程每一验收项目中同配合比的混凝土，其取样不得少于 1 次。

每次取样应至少留置 1 组标准试件。

确定结构构件的拆模、出池、出厂、吊装、张拉、放张及施工期间临时负荷时的混凝土强度，应采用与结构构件同条件养护的标准尺寸试件的混凝土强度。

与结构构件同条件养护试件的强度，在不同温度、不同龄期达到标准条件养护 28d 强度的百分率可采用温度、龄期对混凝土强度影响的曲线。当试验结果与温度、龄期对混凝土强度影响曲线的数值相差较大时，应检查原因，并确定处理办法。

同条件养护试件的留置组数，可根据实际需要确定，冬期施工尚应增设不少于两组与结构同条件养护的试件，分别用于检验受冻前的混凝土强度和转入常温养护 28d 的混凝土强度。

(2)混凝土试件的制作

1)混凝土试件应用钢模制作;

2)作为评定结构构件混凝土强度质量的试件,应在混凝土的浇筑地点随机取样制作,但 1 组试件必须取自同一次(盘)拌制的;

3)实际施工中允许采用的混凝土立方体试件的最小尺寸应根据骨料的最大粒径确定,当采用非标准尺寸试件时,应将其抗压强度值乘以折算系数,换算为标准尺寸试件的抗压强度值。允许的试件最小尺寸及其强度折算系数应符合表 1-25 的规定。

允许的试件最小尺寸及其强度折算系数 表 1-25

骨料最大粒径(mm)	试件边长(mm)	强度折算系数
≤30	100	0.95
≤40	150	1.00
≤50	200	1.05

(3)混凝土试件的标准养护

采用标准养护的试块成型后应覆盖表面,以防止水分蒸发,并应在温度为 20±5℃ 情况下静置一昼夜至两昼夜,然后编号拆模。拆模后的试块应立即放在温度为 20±2℃,湿度为 95%以上的标准养护室中养护。在标准养护室内,试块应放在架上彼此间隔为 10~20mm,并应避免用水直接冲淋试块;在无标准养护室时,混凝土试块可在温度为 20±2℃ 的不流动水中养护。水的 pH 值不应小于 7。同条件养护的试块成型后应覆盖表面,试件的拆模时间与标养试块相同,拆模后,试块仍需与结构或构件同条件养护。

注意:

蒸汽养护的混凝土结构和构件,其试块应随同结构和构件养护后,再转入标准条件下养护共 28d。

混凝土试块拆模后,不仅要编号,而且各试块上要写清混凝土强度等级、所代表的工程部位和制作日期。

混凝土标养试块要有测温、湿度记录,同条件养护试块应有测温记录。

(4)混凝土试件抗压强度试验报告(表1-26)

混凝土抗压强度试验报告　　　表1-26

试验编号:

委托单位:　　　　　　　工程名称及部位:
设计强度等级:　拟配强度:　要求坍落度:　　cm　实测坍落度:
水泥品种及强度:　厂别:　　出厂日期:　　　　试验编号:
砂子产地及品种:　细度模数:　含泥量:　％　　试验编号:
石子产地及品种:　最大粒径:　含泥量:　％　　试验编号:
掺合料名称:　　产地:　　　占水泥用量的:　　％
外加剂名称:　　产地:　　　占水泥用量的:　　％
施工配合比:　　　水灰比:　　　　砂率:　　％

配合比编号	用量＼材料名称	水泥	水	砂子	石子	掺合料	外加剂
	每立方米用量(kg)						

制模日期:　　　　要求龄期:　　　　　要求试验日期:
试块收到日期:　　试块养护条件:　　　委托试验负责人:

试件编号	试验日期	实际龄期	试件规格(mm)	受压面积(mm²)	荷载(kN) 单块	荷载(kN) 平均	平均极限强度(MPa)	折合150mm立方强度(MPa)	达到设计强度(％)
备注									

负责人:　　审核:　　　　计算:　　　　试验
　　　　　　　　　　　　　　　　　　　报告日期:　　年　月　日

1)填表：

表中上半部分的栏目由施工单位填写，其余部分由试验室负责填写。所有栏目应根据实际情况填写，不应空缺，加盖试验室试验章后方可生效。

工程名称与部位：要写具体。

拟配强度：同于混凝土配合比申请单中申请强度等级，即试配强度。

实测坍落度：填写实测坍落度值。

水泥、砂、石及配合比：依据其原材料试验单、配合比通知单填写齐全。

要求龄期：按施工要求龄期填写，作为评定结构或构件混凝土强度质量的试块，必须是28d龄期。

要求试验日期：制模日期 + 龄期

试块养护条件：标养或同条件养护按实际情况填。

2)取验：

从试验室领取混凝土抗压强度试验报告时，应对其进行检查。

混凝土抗压强度试验报告单上要字迹清晰、无涂改，项目填写齐全，试验室签字盖章齐全，有明确结论。抗压强度值取值应符合规范要求，作为混凝土强度评定的试块抗压强度应符合混凝土强度检验评定标准。

混凝土试件抗压强度代表值取值要求：

（A）以3个试件强度的算术平均值并折合成150mm立方体的抗压强度，做为该组试件的抗压强度；

（B）当3个试件强度中的最大值或最小值之一与中间值之差超过中间值的15%时，取中间值；

（C）当3个试件强度中的最大值和最小值与中间值之差

均超过中间值的15%时,该组试件不应作为强度评定的依据。

3. 混凝土试件强度统计、评定

单位工程中由强度等级相同、龄期相同以及生产工艺条件和配合比基本相同的混凝土组成一个验收批。混凝土强度应分批进行统计、评定。

(1)混凝土试件强度检验评定方法

混凝土强度检验评定应以同批内标准试件的全部强度代表值按《混凝土强度检验评定标准》(GBJ107—87)进行检验评定。

1)统计方法评定:

当混凝土的生产条件在较长时间内能保持一致,且同一品种混凝土的强度变异性能保持稳定时,应由连续的3组试件组成1个验收批,其强度应同时满足下列要求:

$$m_{fcu} \geq f_{cu,k} + 0.7\sigma_0$$

$$f_{cu,min} \geq f_{cu,k} - 0.7\sigma_0$$

当混凝土强度等级不高于 C20 时,强度的最小值尚应满足下式要求:

$$f_{cu,min} \geq 0.85 f_{cu,k}$$

当混凝土强度等级高于 C20 时,强度的最小值尚应满足下式要求:

$$f_{cu,min} \geq 0.90 f_{cu,k}$$

式中　m_{fcu}——同一验收批混凝土立方体抗压强度的平均值(MPa);

　　　$f_{cu,k}$——混凝土立方体抗压强度标准值(MPa);

　　　σ_0——验收批混凝土立方体抗压强度的标准差(MPa);

　　　$f_{cu,min}$——同一验收批混凝土立方体抗压强度的最小值(MPa)。

验收批混凝土立方体抗压强度的标准差,应根据前一个检验期内同一品种混凝土试件的强度数据,按式(1-3)确定:

$$\sigma_0 = \frac{0.59}{m}\sum_{i=1}^{m}\Delta f_{cu,i} \qquad (1-3)$$

式中 $\Delta f_{cu,i}$——第 i 批试件立方体抗压强度中最大值与最小值之差;

m——用以确定验收批混凝土立方体抗压强度标准差的数据总批数。

注:上述检验期不应超过3个月,且在该期间内强度数据的总批数不得少于15。

当混凝土生产条件在较长时间内不能保持一致,且混凝土强度变异性不能保持稳定时,或在前一个检验期内的同一种混凝土没有足够的数据用以确定验收批混凝土立方体抗压强度的标准差时,应由不少于10组的试件组成1个验收批,其强度应同时满足下列要求:

$$m_{fcu} - \lambda_1 S_{fcu} \geq 0.9 f_{cu,k}$$

$$f_{cu,min} \geq \lambda_2 f_{cu,k}$$

式中 S_{fcu}——同一验收批混凝土立方体抗压强度的标准差(MPa),当 S_{fcn} 的计算值小于 $0.06f_{cu,k}$ 时,取 $S_{fcu} = 0.06f_{cu,k}$;

λ_1, λ_2——合格判定系数,按表1-27取用。

表 1-27

试件组数	10～14	15～24	≥25
λ_1	1.70	1.65	1.60
λ_2	0.90	0.85	

混凝土立方体抗压强度的标准差 S_{fcu} 可按式(1-4)计算:

$$S_{f_{cu}} = \sqrt{\frac{\sum_{i=1}^{n} f_{cu,i}^2 - n m_{f_{cu}}^2}{n-1}} \quad (1\text{-}4)$$

式中 $f_{cu,i}$——第 i 组混凝土试件的立方体抗压强度值(N/mm²);

n——1 个验收批混凝土试件的组数。

2)非统计方法评定

按非统计方法评定混凝土强度时,其强度应同时满足下列要求:

$$m_{f_{cu}} \geqslant 1.15 f_{cu,k}$$

$$f_{cu,min} \geqslant 0.95 f_{cu,k}$$

(2)混凝土试件强度统计、评定记录(见表 1-28)

混凝土试块强度统计、评定记录　　表 1-28

填报单位:　　　　　　　　　　　　　　　　年　月　日

工程名称:		结构部位:		强度等级:		养护方法:		
试块组数	设计强度	平均值	标准差	合格判定系数	最小值	评 定 数 据		
$n=$	$f_{cu,k}$	$m_{f_{cu}}$	$S_{f_{cu}}$	$\lambda_1=$ $\lambda_2=$	$f_{cu,min}$ (MPa)	$0.9 f_{cu,k}$	$0.95 f_{cu,k}$	$1.15 f_{cu,k}$	$m_{f_{cu}} - \lambda_1 \cdot S_{f_{cu}} = \lambda_2 \cdot f_{cu,k}$
每组强度值:(MPa)								

续表

工程名称：	结构部位：	强度等级：	养护方法：
GBJ107—87 评定公式 1) 统计组数 $n \geq 10$ 组时，$m_{f_{cu}} - \lambda_1 \cdot S_{f_{cu}} \geq 0.9 f_{cu,k}$；$f_{cu,min} \geq \lambda_2 \cdot f_{cu,k}$ 2) 非统计方法：$m_{f_{cu}} \geq 1.15 f_{cu,k}$；$f_{cu,min} \geq 0.95 f_{cu,k}$	结论		

负责人： 制表： 计算： 制表日期 年 月 日

1)首先确定单位工程中需统计评定的混凝土验收批,找出所有符合条件的各组试件强度值,分别填入表中。

2)填写所有已知项目(如申报单位、工程名称、结构部位、强度等级、养护方法、试块组数、设计强度、评定公式等)。

3)分别计算出该批混凝土试件强度平均值、标准差,查找出合格判断系数和批内混凝土试件强度最小值填入表内。

4)计算出各评定数据并对混凝土试件强度进行判定,得出结论填入表中。

5)签字、上报、存档。

6)凡按验收评定标准进行强度统计达不到要求的,应有结构处理措施,需要检测的,应经法定检测单位检测并应征得设计人认可。检测、处理资料要存档。

4．预拌混凝土

(1)预拌(商品)混凝土应有预拌厂出厂合格证(见表1-29)及有关资料,并以现场取样试件的抗压试验强度作为评定混凝土强度的依据。

(2)预拌混凝土出厂合格证要字迹清晰、项目齐全,签字盖章后为有效,有关资料包含如下:

预拌混凝土出厂合格证　　表 1-29

合同编号：

委托单位：　　　　　工程名称：
使用部位：　　　　　供应数量：　　　　　m³
混凝土强度等级：　　供应日期：　年　月　日至
　　　　　　　　　　　　　　　　年　月　日

使用原材料情况：

材料名称	水泥	砂	石			
品种与规格						
试验编号						

混凝土标养试验结果：

制模日期	试件编号	配合比编号	抗压强度	抗折强度	抗渗试验结果	

技术负责人：　　　　填表人：　　　　搅拌站盖章：
　　　　　　　　　　　　　　　　　　　年　月　日

1）水泥品种、强度等级及每立方米混凝土中的水泥用量；
2）骨料的种类和最大粒径；
3）外加剂、掺合料的品种及掺量；
4）混凝土强度等级和坍落度；
5）混凝土配合比和标准试件强度；
6）对轻骨料混凝土尚应提供其密度等级。

（3）当采用预拌混凝土时，应在商定的交货地点进行坍落度检查，实测的混凝土坍落度与要求坍落度之间的允许偏差应符合表 1-30 的规定。

混凝土坍落度与要求坍落度
之间的允许偏差(mm)　　　　　表1-30

要求坍落度	允许偏差
<50	±10
50~90	±20
>90	±30

(4)预拌混凝土的现场取样、试验与普通混凝土的要求相同。

5．防水混凝土

防水混凝土是指本身具有一定防水能力的整体式混凝土或钢筋混凝土。防水混凝土包括普通防水混凝土和掺外加剂的防水混凝土。

(1)防水混凝土所用材料的要求

1)水泥强度等级：不宜低于32.5级。

在不受侵蚀性介质和冻融作用时，宜采用普通硅酸盐水泥、火山灰质硅酸盐水泥、粉煤灰硅酸盐水泥。如掺用外加剂，亦可采用矿渣硅酸盐水泥。如受侵蚀性介质作用时，应按设计要求选用水泥。

在受冻融作用时，应优先选用普通硅酸盐水泥，不宜采用火山灰质硅酸盐水泥和粉煤灰硅酸盐水泥。

2)砂、石：混凝土所用的砂、石技术指标除应符合《普通混凝土用砂质量标准及检验方法》(JGJ52—92)和《普通混凝土用碎石或卵石质量标准及检验方法》(JGJ53—92)的规定外，尚应符合下列规定：

石子最大粒径不宜大于40mm，所含泥土不得呈块状或包裹石子表面，吸水率不大于1.5%。

3)水：不含有害物质的洁净水。

4)外加剂：应根据具体情况采用减水剂、加气剂、防水剂及膨胀剂等。

(2)防水混凝土配合比的要求

1)防水混凝土的配合比应通过试验选定。选定配合比时,应按设计要求的抗渗等级提高 0.2MPa;

2)普通防水混凝土强度不宜低于 30MPa;

3)每立方米混凝土的水泥用量(包括粉细料在内)不少于 320kg;

4)含砂率以 35%~40%为宜,灰砂比应为 1:2~1:2.5;

5)水灰比不大于 0.6;

6)坍落度不大于 5cm。如掺用外加剂或采用泵送混凝土时,不受此限;

7)掺用引气型外加剂的防水混凝土,其含气量应控制在 3%~5%。

(3)防水混凝土的试配申请和配合比通知书

1)防水混凝土的试配申请

防水混凝土不仅要满足混凝土的强度,而且要符合设计的抗渗要求。施工单位在申请试配时,要将这两项指标(强度等级、抗渗等级)注明。在填写混凝土配合比申请单时,应在"其他技术要求"一栏内填写"有防水要求,抗渗等级为PX(如 P6、P8 等),其余栏目的填写与普通混凝土配合比申请单相同。试配应由施工单位现场取样,所用原材料要符合防水混凝土用料的要求。

2)防水混凝土配合比通知单

防水混凝土试配应由试验室来做,试配不仅要做混凝土强度试验,而且还应通过抗渗试验,经过这两项试验后,方能选定防水混凝土的配合比。

防水混凝土配合比通知单与普通混凝土配合比通知单为同一表格样式。不同之处在于防水混凝土配合比还应符合防水抗渗的特殊要求,防水混凝土配合比的特殊要求如前所述。

(4)防水混凝土试验取样和试件留置及养护

1)抗压强度试块的留置方法和数量均按普通混凝土规定。

2)抗渗试块的留置:

(A)同一混凝土强度等级、同一抗渗等级、同一配合比、同种原材料,每单位工程不得少于两组。

(B)试块应在浇筑地点制作,其中至少一组应在标准条件下养护。其余试块应在与构件相同条件下养护。

(C)试样要有代表性,应在搅拌第三盘后至搅拌结束前30min之间取样。

(D)每组试样包括同条件试块,抗渗试块,强度试块的试样,必须取自同一次拌制的混凝土拌合物。

3)抗渗试件以6块为一组,试件为顶面直径175mm,底面直径185mm,高150mm的圆台体,试件成型后24h拆模,然后分别进行标准养护和同条件养护。养护期不少于28d,不超过90d。

(5)表样见表1-31。

混凝土抗渗试验报告 表1-31

试验编号:

委托单位: 工程名称及部位:
抗渗要求等级: 成型日期:
混凝土设计强度等级: 标养28d抗压强度:
试件编号: 试验委托人:

试 验 日 期	抗 渗 试 验 情 况	抗 渗 结 果

结论:
负责人: 审核: 计算: 试验:
报告日期: 年 月 日

表1-31中的上部,应由施工单位填写清楚、齐全,其余部分由试验室负责填写。

混凝土抗渗试验报告要字迹清晰、无涂改,试验室签字盖章齐全,结论明确,日期、工程部位与实际吻合。

(6)防水混凝土试验结果评定

1)抗压强度:按普通混凝土的评定方法。

2)抗渗性能试验

(A)混凝土抗渗等级以每组 6 个试块中有 3 个试件端面呈有渗水现象时的水压(H)计算出的 P 值进行评定。

(B)若按委托抗渗等级(P)评定:应试压至 $P+1$ 时的水压(6 个试件均无透水现象)方可评为 $>P$。

6. 有特殊要求的混凝土

有特殊要求的混凝土应有专项试验报告。

(1)耐火混凝土的耐火性能测试专项试验见表 1-32。

耐火混凝土的检验项目和技术要求　　表 1-32

极限使用温度	检 验 项 目	技 术 要 求
≤700℃	混凝土的强度等级	≥设计值
	加热至极限使用温度并经冷却后的强度	≥45%烘干抗压强度
900℃	混凝土的强度等级	≥设计值
	残余抗压强度 (1)水泥胶结料耐火混凝土 (2)水玻璃胶结料耐火混凝土	≥30%烘干抗压强度,不得出现裂缝 ≥70%烘干抗压强度,不得出现裂缝
1200℃ 1300℃	混凝土的强度等级	≥设计值
	残余抗压强度 (1)水泥胶结料耐火混凝土 (2)水玻璃耐火混凝土 (3)加热至极限使用温度后的线收缩 甲、极限使用温度为 1200℃时 乙、极限使用温度为 1300℃时 (4)荷重软化温度(变形 4%)	≥30%烘干抗压强度,不得出现裂缝 ≥50%烘干抗压强度,不得出现裂缝 ≤0.7% ≤0.9% ≥极限使用温度

注:如设计对检验项目及技术要求另有规定时,应按设计规定进行。

(2)耐酸混凝土的浸酸安定性试验

耐酸混凝土应留置浸酸试件,标准养护28d值(与抗压试块制作、养护相同),浸入盛有40%的工业硫酸的带盖容器中,浸泡28d后取出,用水冲净,阴置24h,检查试件,如无裂纹、起鼓、发酥、掉角,试件完整,表面及浸泡的酸液无显著变色,则为合格。

7．整理要求

(1)混凝土的施工试验资料应归入施工试验记录分册中。

(2)混凝土的施工试验资料包括：

1)混凝土配合比申请单；

2)混凝土配合比通知单；

3)混凝土试件试压报告；

4)混凝土试件抗压强度统计评定表；

5)预拌混凝土(商品混凝土)出厂合格证；

6)防水混凝土的配合比申请单、通知单；

7)防水混凝土抗渗试验报告；

8)有特殊要求混凝土的专项试验报告。

(3)应将上述各种施工试验资料先分类,后按时间顺序收集,排列在一起,不要有遗漏,要编号建立分目录使之相对应。收集排列顺序为：

1)混凝土配合比申请单；

2)混凝土配合比通知单；

3)混凝土试件试压报告；

4)混凝土试件抗压强度统计评定表；

5)预拌混凝土(商品混凝土)出厂合格证；

6)防水混凝土的配合比申请单、通知单；

7)防水混凝土抗渗试验报告；

8)有特殊要求混凝土的专项试验报告。

8．注意事项

(1)混凝土要做试配,不得采用经验配合比;

(2)混凝土配合比应为重量比,不得按体积比;

(3)要按规定留置混凝土试件,标养28d试件不允许少、漏留;

(4)作为评定混凝土强度的试件,必须是标准养护28d的试件;

(5)现场标养试件要有测温、湿度记录,同条件养护试件应有测温记录;

(6)试件取样要具有代表性,不得弄虚作假;

(7)试件制作应符合要求,并有制作记录;

(8)试件上要写明制作日期、强度等级和代表工程部位,以免造成混乱;

(9)非标准试件应进行折算,每组试件的代表值取值要符合要求;

(10)预拌(商品)混凝土不仅要有出厂合格证明,而且要在现场浇注地点取标养28d试件,做为强度评定依据;

(11)防水混凝土既要有强度试验报告,又要有抗渗试验报告;

(12)混凝土试验资料要与现场实物物证相符;

(13)混凝土强度要按单位工程进行汇总、统计、评定;

(14)混凝土标养试件抗压强度评定不合格,应及时检测和处理;

(15)混凝土试验资料应交圈,并与其他施工技术资料对应一致,相关技术资料有:

1)原材料、半成品、成品出厂质量证明和试(检)验报告;

2)施工记录;
3)施工日志;
4)预检记录;
5)隐检记录;
6)基础、结构验收记录;
7)施工组织设计和技术交底;
8)工程质量检验评定;
9)设计变更,洽商记录;
10)竣工图。

1.1.2.4 焊接试验资料

1. 钢筋焊接方法

钢筋的焊接一般有电阻点焊、闪光对焊、电弧焊、电渣压力焊、埋弧压力焊和气压焊六种焊接方法。其中电弧焊又分为帮条焊、搭接焊、熔槽帮条焊、坡口焊、钢筋与钢板搭接焊和预埋件T形接头电弧焊(贴角焊和穿孔塞焊)等焊接方法。

2. 钢筋焊接前的注意事项

工程中每批钢筋正式焊接之前,必须进行现场条件下钢筋焊接性能试验。钢筋电阻点焊、闪光对焊、电渣压力焊及埋弧压力焊,焊前应试焊两个接头,经外观检查合格后,方可按选定的焊接参数进行生产。检查应做预检记录存档。

3. 钢筋焊接前的准备工作

进口钢筋、小厂钢筋和与预制阳台、外挂板外留筋焊接的钢筋应在现场焊接前,先按同品种、同规格和同批量做可焊性试验。可焊性试验的资料包括有:

(1)钢筋试焊外观预检记录;
(2)试件焊接试验报告;
(3)预制阳台及外挂板等在现场有焊接要求的预制混凝

土构件,构件厂应提供钢筋可焊性试验记录。

可焊性试验试件不得少于每项试验1组。做可焊性试验前,应检查钢筋是否有原材料合格证明和机械性能试验报告,进口钢筋还要有化学分析报告。

4．焊接试验的必试项目

按焊接种类划分：

(1)点焊(焊接骨架和焊接网片)

必试项目:抗剪试验、抗拉试验。

(2)闪光对焊

必试项目:抗拉试验、冷弯试验。

(3)电弧焊接头

必试项目:抗拉试验。

(4)电渣压力焊

必试项目:抗拉试验。

(5)预埋件T形接头、埋弧压力焊

必试项目:抗拉试验。

(6)钢筋气压焊

必试项目:抗拉试验,冷弯试验。

5．焊接钢筋试件的取样方法和数量

焊接钢筋试验的试件应分班前焊试件和班中焊试件,班前焊试件是用于焊工正式焊接前的考核和焊接参数的确定。班中焊试件是用于对成品质量的检验。

班前焊试件制作,在焊接前,按同一焊工,同钢筋级别、规格,同焊接形式取模拟试件1组。试验项目按班中焊要求。

班中焊试件的取样方法和数量按焊接种类分别叙述:

(1)点焊(焊接骨架和焊接网片)

1)凡钢筋级别、规格、尺寸均相同的焊接制品,即为同一类型制品。同一类型制品,每200件为一验收批。

2)热轧钢筋点焊,每批取1组试件(3个)做抗剪试验。

3)冷拔低碳钢丝点焊,每批取2组试件(每组3个),其中一组做抗剪试验,另一组对较小直径钢丝做拉伸试验。

4)取样方法:

(A)试件应从每批成品中切取;

(B)试件应从外观检查合格的成品中切取。

(2)钢筋闪光对焊接头

1)钢筋加工单位:同一工作班内,同一焊工,同一钢筋级别规格,同一焊接参数,每200个接头为一验收批。不足200个接头时,按一批计。

2)施工现场:每单位工程的同一焊工,同一钢筋级别、规格,同一焊接参数,每200个接头为一验收批。不足200个接头时,按一批计。

3)每一验收批中取样1组(3个拉力试件,3个弯曲试件)。

4)取样方法:

(A)试件应从每批成品中切取;

(B)焊接等长的预应力钢筋,可按生产条件制作模拟试件;

(C)模拟试验结果不符合要求时,复验应从成品中切取试件,取样数量和要求与初试时相同。

(3)钢筋电弧焊接头

1)钢筋加工单位:同一焊工,同一钢筋级别、规格,同一类型接头,每300个接头为一验收批。不足300个接头时,按一批计。

2)每一验收批取样1组(3个试件)进行拉力试验。

3)取样方法：

①试件应从每批成品中切取；

②对于装配结构,节点的钢筋焊接接头,可按生产条件制作模拟试件；

③模拟试验结果不符合要求时,复验应从成品中切取试件,其数量与初试时相同。

(4)钢筋电渣压力焊

1)在一般构筑物中,同钢筋级别、同规格的同类型接头每300个接头为一验收批。不足300个接头时,按一批计。

2)在现浇钢筋混凝土框架结构中,每一楼层的同一钢筋级别,同一规格的同类型接头,每300个接头为一验收批。不足300个接头时,按一批计。

3)每一验收批取试样1组(3个试件)进行拉力试验。

4)取样方法：

①试件应从成品中切取,不得做模拟试件；

②若试验结果不符合要求时,应取双倍数量的试件进行复试。

(5)预埋件钢筋T形接头埋弧压力焊

1)同一工作班内以每300件同类型产品为一验收批,不足300件时,按一批计。

2)1周内连续焊接时,可以累计计算,每300件同类型产品为一验收批。不足300件时,按一批计。

3)每一验收批取试样1组(3个试件)进行拉力试验。

4)取样方法：

①试件应从每批成品中切取；

②若从成品中取的试件尺寸过小,不能满足试验要求时,可按生产条件制作模拟试件；

③试验结果不符合要求时,应取双倍数量的试件进行复验。

(6)钢筋气压焊

1)工艺试验:在正式焊接生产前,采用与生产相同的钢筋,在现场条件下,进行钢筋焊接工艺性能试验,经试验合格,才允许正式生产。

检验方法为每批钢筋取6根试件,3根作拉伸试验,3根作弯曲试验,试验方法和要求与质量验收相同。

2)外观检查:

①镦粗区最大直径为 $1.4d \sim 1.6d$,变形长度为 $1.2d \sim 1.5d$;

②压焊区两钢筋轴线的相对偏心量小于 $0.15d$,同时不大于4mm;

③接头处钢筋轴线的曲折角不大于4°;

④镦粗区最大直径处与压焊面偏移要小于 $0.2d$;

⑤压焊区表面不得有严重烧伤,纵向裂纹不得大于3mm;

⑥压焊区表面不能有横向裂纹。

外观检查全部接头,首先由焊工自己负责进行,后由质检人员进行检查,发现不符合质量要求的,要校正或割去后重新焊接。

3)强度检验:

①接头拉伸试验结果,强度应达到该钢筋等级的规定数值;全部试件断于压焊面之外,并呈塑性断裂;

②冷弯试验,试件受压面的凸起部分应除去,与钢筋外表面齐平,弯至90°,试件不得在压焊面发生破断或出现宽度大于0.5mm的裂纹。

检验方法为以200个接头为1批,不足200个接头的仍为一批,每批接头切取6个试件做强度、冷弯试验,强度试验结果若有1个试件不符合要求,应取两倍试样,进行复验,若仍有1个试件不合格,则该批接头判为不合格品。

6. 钢筋焊接试验报告(式样见表1-33)

钢筋(原材、焊接)试验报告　　表1-33

试验编号:

委托单位:　　　　　　委托试样编号:

工程名称及部位:

试件种类:　　　　钢材种类:　　　　试验项目:

焊接操作人:　　　焊条型号:　　　　试件代表数量:

　　　　　　　　　送样日期:　　　　试验委托人:

一、力学试验

试样编号	规格	面积 (mm²)	屈服点 (N/mm²)	极限强度 (N/mm²)	伸长率 δ_5(%)	断口位置及判定	冷弯			备注
							弯芯直径	角度	评定	

二、化学试验　　　　　　　试验编号:

编号	碳	硫	磷	锰	硅	

三、试验结论

负责人:　　　审核:　　　　计算:　　　　试验:

　　　　　　　　　　　　报告日期:　　年　　月　　日

钢筋焊接试验报告中,上部分内容应由施工生产单位按实际情况填写齐全,不要有空缺项。其余部分由试验室填写。

填表时,试件种类要写具体,如双面搭接电弧焊,不能只填电弧焊;钢材种类,填钢筋的品种和规格,钢筋的符号要写正确(HPB235、HRB335、HRB400、HRB500)。

试验项目按规范规定填写,填写焊接试验报告单时,试验项目要写拉伸、冷弯。

表头:钢筋焊接试验报告要把表头中括弧内的"原材"二字划去。

7. 钢筋焊接试验评定标准

(1)电阻点焊:焊点的抗剪试验结果,应符合表 1-34 规定的数值。拉伸试验结果,应不低于冷拔低碳钢丝乙级的规定数值,见表 1-35。

钢筋焊点抗剪力指标(kN)　　　　　表 1-34

项次	钢筋级别	较小一根钢筋直径(mm)								
		3	4	5	6	6.5	8	10	12	14
1	HPB235				6.8	8.0	12.1	18.8	27.1	36.9
2	HRB335						17.1	26.7	38.5	52.3
3	冷拔低碳钢丝	2.5	4.5	7.0						

冷拔低碳钢丝的机械性能　　　　　表 1-35

项次	钢丝级别	直径(mm)	抗拉强度(MPa)		伸长率(%)	反复弯曲180°的次数
			Ⅰ组	Ⅱ组		
			不小于			
1	甲级	4	650	600	3	4
2	甲级	5	700	650	2.5	4
3	乙级	3~5	550		2	4

试验结果,如有 1 个试件达不到上述要求,则取双倍数量的试件进行复验。复验结果,若仍有 1 个试件不能达到上述要求,则该批制品即为不合格。对于不合格品,经采取加固处理后,可提交二次验收。

(2)闪光对焊:钢筋对焊接头拉伸试验时,应符合下列要求:

1)3 个试件的抗拉强度均不得低于该级别钢筋的规定抗拉强度值。

2)至少有 2 个试件断于焊缝之外,并呈塑性断裂。

当试验结果有 1 个试件的抗拉强度低于规定指标,或有 2 个试件(≥50%)在焊缝或热影响区发生脆性断裂时,应取双倍数量的试件进行复验。复验结果,若仍有 1 个试件的抗拉强度低于规定指标,或有 2 个试件(≥50%)呈脆性断裂,则该批接头即为不合格品。

模拟试件的试验结果不符合要求时,复验应从成品中切取试件,其数量和要求与初试时相同。

预应力钢筋与螺丝端杆对焊接头只做拉伸试验,但要求全部试件断于焊缝之外,并呈塑性断裂。

钢筋闪光对焊接头弯曲试验时,应将受压面的金属毛刺和镦粗变形部分去除,与母材的外表齐平。

弯曲试验可在万能材料试验机或其他弯曲机上进行,焊缝应处于弯曲的中心点,弯曲直径见表 1-36。弯曲至 90°时,接头外侧不得出现宽度大于 0.15mm 的横向裂纹。

弯曲试验结果如有 2 个试件未达到上述要求,应取双倍数量的试件进行复验,复验结果若有 3 个试件不符合要求,该批接头即为不合格品。

钢筋对焊接头弯曲试验指标   表 1-36

项　次	钢筋级别	弯芯直径(mm)	弯曲角(°)
1	HPB235 级	$2d$	90
2	HRB335 级	$4d$	90
3	HRB400 级	$5d$	90
4	HRB500 级	$7d$	90
5	50/75kg 级	$6d$	90

注：1. d 为钢筋直径,单位 mm。
　　2. 直径大于 25mm 的钢筋对焊接头,做弯曲试验时弯芯直径应增加一个钢筋直径。

(3)电弧焊:钢筋电弧焊接头拉伸试验结果应符合下列要求：

1)3 个试件的抗拉强度均不得低于该级别钢筋的规定抗拉强度值。

2)至少有 2 个试件($\geqslant 50\%$)呈塑性断裂。

当检验结果有 1 个试件的抗拉强度低于规定指标,或有 2 个试件($\geqslant 50\%$)发生脆性断裂时,应取双倍数量的试件进行复验。复验结果若仍有 1 个试件的抗拉强度低于规定指标,或有 3 个试件($\geqslant 50\%$)呈脆性断裂时,则该批接头即为不合格品。

模拟试件的数量和要求与从成品中切取相同。当模拟试件试验结果不符合要求时,复验应从成品中切取试件,其数量与初试时相同。

(4)电渣压力焊:3 个试件均不得低于该级别钢筋规定抗拉强度值,并至少有 2 个试件($\geqslant 50\%$)断于焊缝之外,呈塑性断裂。

(5)预埋件电弧焊和预埋件埋弧压力焊:3 个试件均不得低于该级别钢筋规定抗拉强度值。

(6)钢结构焊接:承受拉力或压力且要求与母材等强度的焊缝,必须经超声波或 X 射线探伤检验。

承受拉力且要求与母材等强度的焊缝为一级焊缝,应全数做超声波检查,并做 X 射线抽查检验,抽查焊缝长度的 2%至少应有一张底片。若缺陷超标,应加倍透照,如不合格应全部透照。

承受压力且要求与母材等强度的焊缝为二级焊缝,应抽焊缝长度的 50%做超声波检验。有疑点时,用 X 射线透照复验,如发现有超标缺陷,应用超声波全部检验。

焊缝超声波或 X 射线检验质量标准见表 1-37。

X 射线检验质量标准　　　　　表 1-37

项次	项	目	质量标准 一级	二级
1	裂 纹		不允许	不允许
2	未熔合		不允许	不允许
3	未焊透	对接焊缝及要求焊透的 K 型焊缝	不允许	不允许
3	未焊透	管件单面焊	不允许	深度≤10%δ,但不大于 1.5mm;长度≤条状夹渣总长
4	气孔和点状夹渣	母材厚度(mm)	点数	点数
4	气孔和点状夹渣	5.0	4	6
4	气孔和点状夹渣	10.0	6	9
4	气孔和点状夹渣	20.0	8	12
4	气孔和点状夹渣	50.0	12	18
4	气孔和点状夹渣	120.0	18	24
5	条状夹渣	单个条状夹渣	$(1/3)\delta$	$(2/3)\delta$
5	条状夹渣	条状夹渣总长	在 12δ 的长度内,不得超过 δ	在 6δ 的长度内,不得超过 δ
5	条状夹渣	条状夹渣间距(mm)	6L	3L

注:δ——母材厚度(mm);
　　L——相邻两夹渣中较长者(mm);
　点数——计算指数。是指 X 射线底片上任何 10mm×50mm 焊缝区域内(宽度小于 10mm 的焊缝,长度仍用 50mm)允许的气孔点数。母材厚度在表中所列厚度之间时,其允许气孔点数用插入法计算取整数。各种不同直径的气孔应按表 1-38 换算点数。

气孔点数换算　　　　　　表 1-38

气孔直径(mm)	<0.5	0.6~1.0	1.1~1.5	1.6~2.0	2.1~3.0	3.1~4.0	4.1~5.0	5.1~6.0	6.1~7.0
换算点数	0.5	1	2	3	5	6	12	16	20

8．资料整理

钢材焊接试验资料有：

(1)钢筋焊接试验报告；

(2)钢结构焊接焊缝超声波或X射线探伤检验报告。

钢材焊接试(检)验报告应装订在一起，按时间顺序编写并要有子目录，与其他施工试验资料订装在一册。

9．常见问题

(1)缺少班前模拟试件焊接试验报告；

(2)进口钢筋、小厂钢筋及与预制阳台、外挂板外留筋焊接的钢筋未按同品种、同规格和同批量做可焊性试验；

(3)HRB400级钢筋采用搭接电弧焊；

(4)焊接试验项目不全，对焊、气压焊不做冷弯试验，电阻点焊不做抗剪试验；

(5)每组试件只取2根；

(6)焊接试验报告中，无断口判定；

(7)焊接试验不合格，未取双倍试件复试。

1.1.2.5　现场预应力混凝土试验

现场预应力混凝土试验内容主要包括：预应力锚、夹具出厂合格证及硬度、锚固能力抽检试验报告；预应力钢筋(含端杆螺丝)的各项试验资料及预应力钢丝镦头强度检验。

1．预应力锚、夹具的出厂合格证、硬度和锚固能力抽检试验要求

(1)预应力锚、夹具出厂应有合格证明。

(2)进场锚具应进行外观检查、硬度检验和锚固能力试验。以同一材料和同一生产工艺,不超过200套为1批。

1)外观检查:从每批中抽取10%的锚具,但不少于10套,检查锚具的外观和尺寸。如有1套表面有裂纹或超过允许偏差,则另取双倍数量的锚具重做检查;如仍有1套不符合要求则应逐套检查,合格者方可使用。

2)硬度检验:从每批中抽取5%的锚具,但不少于5套作硬度试验。锚具的每个零件测试3点,其硬度的平均值应在设计要求的范围内,且任一点的硬度,不应大于或小于设计要求范围三个洛氏硬度单位。如有1个零件不合格,则另取双倍数量的零件重做试验;如仍有1个零件不合格,则应逐个检验,合格者方可使用。

3)锚固能力试验:经上述两项检验合格后,从同批中抽取3套锚具,将锚具装在预应力筋的两端。在无粘结的状态下置于试验机或试验台上试验。锚具的锚固能力,不得低于预应力筋标准抗拉强度的90%,锚固时预应力筋的内缩量,不超过锚具设计要求的数值,螺丝端杆锚具的强度,不得低于预应力筋的实际抗拉强度。如有1套不符合要求,则另取双倍数量的锚具重做试验。如仍有1套不合格,则该批锚具为不合格品。

现场加工预应力钢筋混凝土构件,所用预应力锚、夹具应有出厂合格证,硬度及锚固能力抽检,应符合上述要求,并有试(检)验报告。

2.预应力钢筋的各项试验资料及预应力钢丝镦头强度检验

预应力钢筋的施工试验主要包括钢筋的冷拉试验、钢筋的焊接试验、预应力钢丝镦头强度检验。

(1)钢筋的冷拉试验

钢筋冷拉可采用控制应力或控制冷拉率的方法进行,对用于预应力的冷拉HRB335、HRB400、HRB500级钢筋,宜采用控制应力的办法。

1)用控制冷拉率的方法冷拉钢筋

①冷拉率必须由试验结果确定。测定冷拉率用的冷拉应力应符合表1-39的规定。试验所用试件不宜少于4个,取其平均值作为该批钢筋的实际冷拉率。如因钢筋强度偏高,平均冷拉率低于1%时,仍应按1%进行冷拉。

预应力钢筋的冷拉率应由厂技术部门审定。

测定冷拉率时钢筋的冷拉应力　　　　表1-39

钢筋种类	HPB235级钢筋	HRB335级钢筋	HRB400级钢筋	HRB500级钢筋
冷拉应力(MPa)	320	450	530	750

②根据试验确定的冷拉率,先冷拉3根钢筋,并在3根钢筋上分别取3根试件作机械性能试验,合格后,方可进行成批冷拉。

③混炉批钢筋不宜采用控制冷拉率的方法进行冷拉。若需要采用时必须逐根或逐盘测定冷拉率,然后冷拉。

2)用控制应力的方法冷拉钢筋

①控制应力及最大冷拉率应符合表1-40的规定。

②冷拉力应为钢筋冷拉时的控制应力值乘以钢筋冷拉前的公称截面面积。

控制应力及最大冷拉率　　　　表1-40

钢筋种类	HPB235级钢筋	HRB335级钢筋	HRB400级钢筋	HRB500级钢筋
冷拉控制应力(MPa)	280	420	500	720
最大冷拉率(%)	10	5.5	5	4

③冷拉力应采用测力器控制。测力器可根据各厂具体条件和习惯,选用下列几种:千斤顶、弹簧测力器、钢筋测力计、电子称、测力器、拉力表等。

④测力器应定期校验,校验期限规定如下:

(a)使用较频繁的,每3个月校验一次;

(b)使用一般,每6个月校验一次;

(c)长期不用的或检修后,使用前必须校验。

⑤冷拉时,应测定钢筋的实际伸长值,以校核冷拉压力。

3)钢筋冷拉记录表样见表1-41。

钢筋冷拉记录表 表1-41

试验报告编号　　　　　　　　控制应力
构件名称和编号　　　　　　　控制冷拉率

冷拉日期	钢筋编号	钢筋规格	钢筋长度(m)(不包括螺丝端杆长)			冷拉控制拉力(t)	冷拉时温度(℃)	备注
			冷拉前	冷拉后	弹性回缩后			
1	2	3	4	5	6	7	8	9

注:1. 如用冷拉率控制,则第7栏可不填写。
　　2. 如有拉断或拉断后再焊接重拉等情况,应在备注栏内注明。
　　3. 钢筋冷拉后应按规定截取试样进行有关试验,试验结果应在备注栏内注明。

(2)钢筋的焊接试验

1)钢筋的纵向连接,应采用对焊;钢筋的交叉连接宜采用点焊;构件中的预埋件宜采用压力埋弧焊或电弧焊。但对高强钢丝、冷拉钢筋、冷拔低碳钢丝和HRB500级钢不得采用电弧焊。

对焊时,为了选择合理的焊接参数,在每批钢筋(或每台班)正式焊接前,应焊接 6 个试件,其中 3 个做拉力试验,3 个做冷弯试验。经试验合格后,方可按既定的焊接参数成批生产。

同直径、同级别而不同钢种的钢筋可以对焊,但应按可焊性较差的钢种选择焊接参数。同级别、同钢种不同直径的钢筋对焊,两根钢筋截面积之比不宜大于 1.5 倍,且需在焊接过程中按大直径的钢筋选用参数,并应减小大直径钢筋的调伸长度。上述两种焊接只能用冷拉方法调直,不得利用其冷拉强度。

2)钢筋点焊质量应符合下列要求:

①热轧钢筋压入深度应为较小钢筋直径的 30% ~ 45%;冷加工钢筋应为较小钢筋直径的 25% ~ 35%。

②焊点处应无明显烧伤、烧断、脱点。

③受力钢筋网和骨架,应按批从外观检验合格的成品中,截取 3 个抗剪试件;冷拔低碳钢丝焊成的受力钢筋网和骨架,应再截取 3 个抗拉试件。

3)钢筋焊接的试验报告资料整理请参阅本章有关内容。

(3)预应力钢丝镦头强度检验

预应力钢丝镦头前,应按批做三个镦头试验(长度 250 ~ 300mm),进行检查和试验。预应力钢丝镦头强度不得低于预应力筋实际抗拉强度的 90%。镦头的外观检验一般有:

有效长度 ± 1mm;

直径 $\geqslant 1.5d$;

冷镦镦头厚度为 $0.7d \sim 0.9d$;

冷镦头中心偏移不得大于1mm；

热镦头中心偏移不得大于2mm。

3．整理

现场预应力混凝土试验资料应整理在一起，其顺序为：

(1)预应力锚、夹具

1)出厂合格证明；

2)外观检查记录；

3)硬度检验报告；

4)锚具能力试验报告。

(2)预应力钢筋试验资料

1)钢筋冷拉试验报告；

2)钢筋焊接试验报告。

(3)预应力钢丝镦头抽检记录

1)镦头外观检验记录；

2)镦头强度试验报告。

1.1.3 施工记录

施工记录主要是对工程重要和特殊部位的施工情况记录及工程发生异常情况或意外事故的记载。施工记录要及时、全面、准确、真实且有建设单位的签认。重要结构或有特殊要求的工程，施工记录要有设计人的签字。施工记录时效性较强，一般不允许后补，施工记录原则上应为原始记录，若污损严重可以誊写，但要与原件一致，并注明原件存放处和抄写人。

施工记录应分类整理，排序编号装订成一个分册，建立分目录。装订顺序为：

封面；

分目录表；

依据施工先后排列各类施工记录；

封底。

1.1.3.1 地基处理记录

地基处理是指地基不能满足设计要求时对地基的补强处理。地基处理记录一般包括地基处理方案、地基处理的施工试验记录、地基处理检查记录。

1. 地基处理方案

(1)地基处理方案一般是经验槽后，由设计勘察部门提出，施工单位记录并写成的书面处理方案。

(2)地基处理方案中应有工程名称、验槽时间，有钎探记录分析。应说明实际地基与地质勘察报告是否相符合；标注清楚需要处理的部位；写明需要处理的实际情况；处理的具体方法和质量要求。最后必须要有设计、勘探人员签认。

(3)地基处理方案应交质量监督部门检查、签认。

2. 地基处理的施工试验记录

(1)灰土、砂、砂石和三合土地基，应做干土质量密度或贯入度试验。干土质量密度试验与回填土的干密度试验相同。

贯入度试验是用贯入仪、钢筋或钢叉等测试贯入度大小检查砂地基质量，以不大于通过试验所确定的贯入度(即砂在中密状态的贯入度)为合格。

1)钢筋贯入测定法：用直径为20mm、长1250mm的平头钢筋，举离砂层面700mm高时自由落下，插入深度应根据该砂的控制干土质量密度确定。

2)钢叉贯入测定法：用齿间距离为800mm、长300mm带90mm长木柄的四齿钢叉，举离砂层面500mm高时自由落下，插入深度应根据该砂的控制干密度确定。

贯入测定法要有试验记录,试验应合格,试验记录归档保存。

(2)重锤夯实地基:重锤夯实地基应有试验报告及最后下沉量和总下沉量记录。

1)重锤夯实施工前,应在现场进行试夯,选定夯锤重量、底面直径和落距,以确定最后下沉量及相应的最少夯击遍数和总下沉量。

最后下沉量一般可采用表 1-42 的数值。

表 1-42

土 的 类 别	最后下沉量(mm)
黏性土及湿陷性黄土	10~20
砂 土	5~10

注:最后下沉量系指重锤最后 2 击平均每击土面的沉落值。

2)夯锤重量宜采用 1.5~3.0t,落距一般采用 2.5~4.5m。锤重与底面积的关系应符合锤重在底面上的单位静压力为 $1.5~2.0N/cm^2$。

夯锤形状宜采用截头圆锥体,可用钢筋混凝土制作,其底部可填充废铁并设置钢底板,以使重心降低。

3)试夯前应测定土的含水量,当低于最佳含水量 2% 以上时,应在天然湿度及加水至最佳含水量的基土上分别进行试夯。

土的最佳含水量可通过试验确定。

试夯后,应挖井检查试坑内的夯实效果,测定坑底以下 2.5m 深度内,每隔 0.25m 深度处夯实土的密实度,与试坑外天然土的密实度相比较。对于分层填土,应测定每层填土试夯后的最大、最小及平均密实度。

4)试夯结束后应提出试夯报告,并附重锤夯实试夯记录,见表 1-43。

重锤夯实试夯记录　　　　　　表 1-43

施工单位
工程名称　　　　　　　　　　　试夯日期
试夯地点及试坑编号　　　　　　试坑土质
夯锤重量　t　锤底直径　m　　　落　距　m
落锤方法　地基天然含水量　%为达到最佳含水量　%而加的水量　kg/m²

1. 观测点下沉观测结果

夯击遍数		0	2	4	6	7	8	9	10	11	12	13	14	15	16
观测点 1	水准读数														
	下沉量(mm)														
	累计下沉量(mm)														
观测点 2	水准读数														
	下沉量(mm)														
	累计下沉量(mm)														
观测点 3	水准读数														
	下沉量(mm)														
	累计下沉量(mm)														

2. 土样试验结果

		0.25	0.50	0.75	1.00	1.25	1.50	1.75	2.00	2.25	2.50
原状土	表观密度(g/cm³)										
	含水量(%)										
	干质量密度(g/cm³)										
夯实土	表观密度(g/cm³)										
	含水量(%)										
	干质量密度(g/cm³)										

　　　　　　　　　　　　　　　工程负责人：　　　　　记录：

5)在夯击过程中,应参照表 1-44 做好记录。

重锤夯实施工记录　　　　　　　　　表 1-44

施工单位　　　　　　　　　地基土质
工程名称
夯锤重量　　t　锤底直径　　m　　落距　　m
落锤方法

施工地段及面积	夯打日期		气候条件	含水量（%）		实际加水量(L/m²)	夯击遍数		最后下沉量（cm）	预留土层厚度（cm）	底面标高		总下沉量（cm）	备注
	开始	完成		天然	最佳		规定	实际			夯前	夯后		

　　　　　　　　　　　　　工程负责人：　　　记录：

6）重锤夯实地基的验收，应检查施工记录，除应符合试夯最后下沉量的规定外，还应检查基坑（槽）表面的总下沉量，以不小于试夯总下沉量的 90% 为合格。也可采用在地基上选点夯击检查最后下沉量。

夯击检查点数，每一单独基础至少应有一点；基槽每 30m² 应有 1 点；整片地基每 100m² 不得少于 2 点。

检查后，如质量不合格，应进行补夯，直至合格为止。

(3) 强夯地基施工记录，见表 1-45。

强夯地基施工记录　　　　　　　　　表 1-45

施工单位　　　　　　　施工日期　　　　　至
工程名称
建筑物名称　　　　　　　　占地面积　　　　　　m²
场地标高　　m　　地下水位标高　　m　　地层土质
起重设备　　　　　　　　夯锤规格　　　　　　重量　　t
夯击遍数：第　遍　本遍每个夯击坑击数　击　本遍夯机坑数　个　本遍夯击击数　击
总夯击遍数　遍　总夯击坑数　个　平均夯击能　t·m/m²　总夯击击数　击
场地平均沉降量　　　　cm　　累计　　　　cm

建筑物基础夯击坑布置简图	

工程负责人：　　　记录：

对锤重、落距、夯击点布置及夯击次数要做好记录。

3. 地基处理检查记录

地基处理检查记录是施工单位会同建设单位对地基处理的检查、验收记录。记录中要注明各处理部位是如何进行处理的,处理是否达到设计要求或相应施工规范的规定,而且记录要请建设单位签认。

1.1.3.2 地基钎探记录及钎探平面布置图

建筑工程开槽挖至设计标高后,凡可以钎探的都应进行钎探,且钎探必须采用轻便触探的方法。地基钎探的作用主要是为了检查地基持力土层是否均匀一致,有无局部过软、过硬之处,并可以测算持力土层的承载力,作为参考。地基钎探必须作记录,钎探记录主要包括:钎探点平面布置图和钎探记录两部分。

1. 钎探点平面布置图

(1)钎探点平面布置图应与实际基槽(坑)一致,应标出方向及基槽(坑)各轴线,各轴号要与设计基础图一致,见表1-46。

基础钎探编号平面布置图　　　　表 1-46

审核　　　　制图

(2)钎探点的布置:钎探点的布置依据基槽(坑)的宽度,一般槽宽每 0.8m 布一排钎探点,钎探间距(同一排相邻两点间距离)为 1.5m。具体钎探点的布置可参照表 1-47。

钎孔的布置　　表 1-47

槽宽(m)	排列方式	钎探深度(m)	钎探间距(m)
0.8~1.0	中心一排	1.5	1.5
1.0~2.0	两排错开 1/2 钎孔间距,每排距槽边为 0.2m	1.5	1.5
2.0 以上	梅花形	1.5	1.5

(3)钎探平面布置图上各点应与现场各钎探点一一对应,不能有误。图上各点应沿槽轴向按顺序编号,编号注在图上。

(4)验槽后应将地基需处理的部位、尺寸、标高等情况注于钎探平面布置图上。

2. 钎探记录

(1)轻便触探:轻便触探试验设备主要由尖锥头、触探杆、穿心锤三部分组成。触探杆系用直径 25mm 的金属管,每根长 1.0~1.5m,或用直径为 25mm 的光圆钢筋每根长 2.2m,穿心锤重 10kg。

试验时,穿心锤落距为 0.5m,使其自由下落,将触探杆竖直打入土层中,每打入土层 0.3m 的锤击数为 N_{10}。

(2)钎探记录表,见表 1-48。

表 1-48 中:施工单位、工程名称要写具体,锤重、自由落距、钎径、钎探日期要依据现场情况填写,工长、质量检查员、打钎负责人的签字要齐全。

钎探记录表中各步锤数应为现场实际打钎各步锤击数的记录,每一钎探点必须钎探五步,1.5m 深。打钎中如有异常情况,要写在备注栏内。

钎探记录表

表 1-48

施工单位　　　　　　　　　　　　　工程名称
套锤重　　　　　自由落距　　　　　钎径　　　　　　钎探日期

顺序号	各步锤数					备注	顺序号	各步锤数					备注
	cm 0~30	cm 30~60	cm 60~90	cm 90~120	cm 120~150			cm 0~30	cm 30~60	cm 60~90	cm 90~120	cm 120~150	

工长　　　　　　　　　　质量检查员　　　　　　　　钎探负责人

(3) 标注与誊写：

验槽时应先看钎探记录表，凡锤击数较少点，与周围差异较大点应标注在钎探记录表上，验槽时对该部位应进行重点检查。

钎探记录表原则上应用原始记录表,污损严重的可以重新抄写,但原始记录仍要原样保存好,誊写的记录数据、文字应与原件一致,并要注明原件保存处及有抄件人签字。

地基钎探记录作为一项重要的技术资料,一定要保存完整,不得遗失。

1.1.3.3 桩基施工记录

桩基主要包括预制桩和现制桩。桩基施工应按规定认真做好施工记录。由分包单位承担桩基施工的,完工后应将记录移交总包单位。

1. 钢筋混凝土预制桩基施工记录

钢筋混凝土预制桩基施工记录主要包括:现场预制桩的检查验收资料、试桩或试验记录、桩施工记录、补桩记录、桩的节点处理记录。

(1)现场预制桩的检查验收资料

1)审批、制作、运输、堆放:钢筋混凝土预制桩的现场制作,首先制作单位要有质量监督部门的资质审批手续,经认可方可施工。钢筋混凝土桩的制作应注意:桩的钢筋骨架的主筋连接宜采用对焊,对主筋接头的位置及数量、桩尖、桩头部分钢筋绑扎的质量要认真检查。桩的混凝土浇筑应由桩顶向桩尖连续浇筑,严禁中断。桩顶和桩尖处混凝土不得有蜂窝、麻面、裂缝和掉角等缺陷。此外,对桩的制作偏差应严加控制。钢筋混凝土桩的设计强度达70%时方可起吊,达100%时方可运输和打桩。吊点应合理选择,以免产生吊装裂缝。桩的堆放场地应平整、压实。垫木保持在同一平面上,垫木的位置应和吊点位置相同,各层垫木应上下对齐。

2)现场预制桩的检查记录,钢筋混凝土预制桩检查记录见表1-49。表中质量鉴定应依据下列规定:

钢筋混凝土预制桩检查记录 表 1-49

施工单位　　　　　　　　　　工程名称
混凝土设计强度　　　　　　　桩规格

编　号	浇筑日期	混凝土强度(MPa)	外观检查	质量鉴定	备　注

　　　　　　工程负责人：　　　　　　　记录：

(A)桩的表面应平整、密实,掉角的深度不应超过 10mm,且局部蜂窝和掉角的缺损总面积不得超过该桩表面全部面积的 0.5%,并不得过分集中。

(B)由于混凝土收缩产生的裂缝,深度不得大于 20mm,宽度不得大于 0.25mm,横向裂缝长度不得超过边长的 1/2(管桩或多角形桩不得超过直径或对角线的 1/2)。

(C)桩顶和桩尖处不得有蜂窝、麻面、裂缝和掉角。

3)验收

(A)预制桩上应标明编号、制作日期和吊点位置。

(B)预制桩应在制作地点验收,检验前不得修补蜂窝、裂缝、掉角及其他缺陷,检验应逐根进行。

(C)验收时应有下列资料:

桩的结构图;

材料检验记录;

钢筋隐蔽验收记录;

混凝土试块强度报告;

桩的检查记录;

桩的养护方法等。

(2)试桩或试验记录

桩基打桩前应做试桩或桩的动荷载试验,试验记录见表1-50。打试桩主要是了解桩的贯入度、持力层的强度、桩的承载力以及施工过程中遇到的各种问题和反常情况等。试桩或试验时应请建设单位、设计单位和质量监督部门参加,并做好试桩或试验记录,画出各土层深度,记录打入各土层的锤击次数,最后精确地测量贯入度等。

桩的动荷载记录表 表1-50

施工单位		工程名称		气 候	
桩的类型、规格及重量					
桩号及坐标					
工程及水文地质简要说明					
桩制作于 年 月 日 打入于 年 月 日 桩的复打检验于 年 月 日结束					
打桩使用的桩锤类型和重量					
复打时使用的桩锤类型和重量					
初打时使用的桩帽的构造及采用弹性垫层情况					
复打时使用的桩帽的构造及采用弹性垫层情况					
初打时锅炉蒸汽压力					
复打时锅炉蒸汽压力					
初打时采用的落锤高度　　　　　cm					
复打时采用的落锤高度　　　　　cm					
桩尖设计标高　　　m　　　桩尖实际标高　　　m					
初打完毕最后一阵(10击)贯入度　　　cm					
复打检查五次贯入度(1)　cm,(2)　cm,(3)　cm,(4)　cm,(5)　cm					
平均贯入度　cm复打贯入度与初打贯入度的比值					

工程负责人: 　　　　　记录:

试桩记录表:

试桩或试验记录要根据现场情况填写清楚、齐全。建设单位、设计单位、质量监督部门提出的技术、质量意见要求应有记录,并应对试桩或试验进行签认。

(3)桩施工记录

桩施工记录表见表1-51。

钢筋混凝土预制桩施工记录　　　　　表1-51

施工单位　　　　　　　　　工程名称
施工班组　　　　　　　　　桩的规格
桩锤类型及冲击部分重量
自然地面标高　　　　　　　桩锤重量
气　　候　　　　　　　　　桩顶设计标高

编号	打桩日期	桩入土每米锤击次数 1,2,3,4,……	落距 (cm)	桩顶高出或低于设计标高 (m)	最后贯入度 (cm/10击)	备注

工程负责人:　　　记录:

表要据实填写清楚齐全。打桩中如有异常情况应记录在备注栏中。

桩施工要有平面位置图,图上要注明方向、轴线、各桩编号、位置、标高。出现问题的桩要注明情况,要标示出打桩顺序及补桩情况。最后要有打桩负责人、制图人签字。

(4)补桩记录

打桩不符合要求,应进行补桩的要有补桩记录。

(5)补桩平面图

补桩要有补桩平面图,图中应标清原桩和补桩的平面位置,补桩要有编号,要说明补桩的规格、质量情况,有制图及补打桩负责人签字。

1.1.3.4 承重结构及防水混凝土的开盘鉴定及浇灌申请记录

承重结构的混凝土、防水混凝土和有特殊要求的混凝土都应有开盘鉴定及浇灌申请记录。

1. 混凝土的开盘鉴定

混凝土施工前应做开盘鉴定,不同配合比的混凝土都要有开盘鉴定。

(1)混凝土开盘鉴定的内容

混凝土开盘鉴定包括:

1)混凝土所用原材料与配合比是否符合;

2)混凝土试配配合比换算为实际使用施工配合比;

3)混凝土的计量、搅拌和运输;

4)混凝土拌合物检验;

5)混凝土试块抗压强度。

混凝土开盘鉴定要有施工单位、搅拌单位的主管技术部门和质量检验部门参加,做试配的试验室也应派人参加鉴定,混凝土开盘鉴定一般在施工现场浇筑点进行。

(2)混凝土所用原材料的检验

1)混凝土所用主要原材料,如水泥、砂、石、外加剂等,应与试配配合比所用原材料一致,不能有变化,如果有变化应重新取样做试配,并调整配合比。

2)水泥应在有效期内,外观检查有无结块现象,砂、石细度、级配、含泥量与试验报告是否吻合,并应测定砂、石中的含水率,使用外加剂,检验水与配合比是否相符合。

2．混凝土浇灌申请

(1)混凝土浇灌申请单应由施工班组填写、申报,由建设单位和工长或质量检查员批准,每一班组都应填写混凝土浇灌申请书;

(2)表中各项都应填写清楚齐全;

(3)准备工作必须全部完备,表上各条准备完备者打"√",不完备的应补做好后再申请;

(4)表中各项准备工作核实确系准备完备后,方可批准浇注混凝土。

1.1.3.5　现场预制混凝土构件施工记录

1．施工现场加工钢筋混凝土预制构件报审表;

2．施工方案和技术交底;

3．原材料试验、混凝土配合比、混凝土强度试验资料;

4．质量检查资料。

1.1.3.6　质量事故处理记录

质量事故处理记录主要包括:质量事故报告、处理方案、实施记录。

1．质量事故报告(见表1-52)

表中:工程名称、事故部位、事故性质要写具体、清楚。应预计损失费用,要写清数量、金额。简述事故经过,施工单位要进行原因分析,提出处理意见。最后有关人员在上面签字。

建筑工程重大质量事故的划定如下:

(1)建筑物、构筑物或其主要结构倒塌;

(2)超过规范规定的基础不均匀下沉,建筑物倾斜、结构开裂和主体结构强度严重不足等影响结构安全和建筑寿命,造成不可补救的永久性缺陷;

工程质量事故报告　　　　　　表 1-52

工程名称：

事故部位	事故性质			预计损失			
	设计	管理	操作	材料费	人工费	返工工数	金额

事故经过和原因分析：

事故处理意见(结论)：

技术负责人　　　　技术队长　　　报告日期　　年　　月　　日

(3)影响设备及其相应系统的使用功能,造成永久性缺陷;

(4)一次返工损失在10万元以上的质量事故(包括返工损失的全部工程价款);

凡属以上情况之一的质量事故(包括在建工程和工程交付使用后由于设计、施工原因造成的事故)即为重大质量事故。

凡重大工程量事故处理完毕后,要写出详细的事故专题报告。

2．处理方案

工程质量事故处理方案应由设计单位出具或签认,并报质量监督部门审查签认后方可实施。

3．实施记录

实施记录是依照处理方案对工程事故部位进行处理的施工记录,记录必须详细、准确、真实,并要有建设单位的签认。

工程质量事故处理记录,是工程技术资料的重要部分,要妥善保存好,任何人不得随意抽撤或销毁。

1.1.3.7　混凝土施工测温记录

施工测温记录主要有混凝土冬期测温记录和大体积混凝

土施工测温记录。

1. 混凝土冬期测温记录

当室外日平均气温连续5天稳定低于5℃时,即为进入冬期施工。冬期混凝土施工应有测温记录,测温记录包括大气温度、原材料温度、出罐温度、入模温度和养护温度。

(1)大气测温记录(表1-53):

测 温 记 录 表　　　　表1-53

单位工程名称:　　　　　　　　　　　　　　年 月 日

时 分	天气情况	积 雪	风 向	风 力	气温(℃)

测温员:

大气测温一般为每天测室外温度不少于4次(早晨、中午、傍晚、夜间)。

(2)混凝土原材料温度:

混凝土原材料在搅拌前应加热,但不得超过表1-54的规定值。

拌合水及骨料最高温度　　　　表1-54

项次	项　　　　目	拌合水(℃)	骨料(℃)
1	强度等级小于42.5的普通硅酸盐水泥、矿渣硅酸盐水泥	80	60
2	强度等级等于及大于42.5的硅酸盐水泥、普通硅酸盐水泥	60	40

注:当骨料不加热时,水可加热到100℃,但水泥不应与80℃以上的水直接接触。投料顺序,应先投入骨料和已加热的水,然后再投入水泥。

(3)混凝土搅拌、运输一般应做热工计算来确定温度控制值。

(4)冬施混凝土搅拌测温记录表(表1-55)。

冬期施工混凝土搅拌测温记录表　　　表1-55

工程名称:			部位:				搅拌方式:		
混凝土强度等级:			坍落度:		cm	水泥品种强度等级:			
配合比(水泥:砂:石:水)						外加剂名称掺量:			
测温时间				大气温度	原材料温度(℃)			出罐温度	入模温度	备注
年	月	日	时		水泥	砂	石	水			

施工单位:　　施工负责人:　　技术员:　　测温员:

表中各项均应填写清楚、准确、真实,签字齐全。

(5)冬期施工混凝土养护测温记录(表1-56):

冬期施工混凝土必须要留有测温孔并做测温记录,测温要有测温点布置图。布置图要与结构平面图一致,要标注清楚各测温点的编号及位置。测温孔在混凝土浇筑时预留,一般每一构件不少于1个测温孔,混凝土接槎处一定要留有测温孔,测温孔一般要深入混凝土内(过主筋)。混凝土浇筑初期每 2h 进行一次测温,8h 后,每 4h 测一次。

冬期施工混凝土养护测温记录表　　表 1-56

工程名称:			部位:							养护方法:					
测温时间			大气温度	各测孔温度(℃)										平均温度	间隔时间	成熟度(M)	
月	日	时		#	#	#	#	#	#	#	#	#	#	#	#			本次	累计

施工单位:　　施工负责人:　　技术员:　　测温员:

表中各项都要填写清楚、准确、真实,签字齐全。

2. 大体积混凝土施工测温记录、裂缝检查记录

大体积混凝土系指混凝土的长、宽、高均大于 0.8m 的混凝土。

大体积混凝土应有入模温度和养护温度测温记录以及裂缝检查记录(见表 1-57)。

大体积混凝土测温记录表　　　表 1-57

工程名称：			部位：		入模温度：				养护方法：		
测温时间			大气温度	各测孔温度(℃)					内外温差	时间间隔	裂缝检查
月	日	时									

施工单位：　　　　　　　　　施工负责人：

技术员：　　　　　　　　　　观测员：

1.1.4　预检记录

1.1.4.1　建筑物定位和高程引进

1. 建筑物位置线

由规划部门指定的红线桩为准，以总平面图为依据，定出标准轴线，并绘制定位平面位置图叫定位放线。

2. 现场标准水准点

以规划局指定的水准点或以标准水平桩为依据引入拟建建筑物的标高叫高程引进。

3. 坐标点法

在施工现场有方格网控制时，根据建筑物各角点的坐标测设主轴线的方法称坐标点法。

定位放线和高程引进是十分重要的工作，做不好将给工程带来不可弥补的缺陷，因此在班组自检合格的基础上对其坐标必须进行复测，由技术员组织实施。

4. 预检的具体内容

(1)核验标准轴线桩的位置；

(2)对照施工平面图检查建筑物各轴线尺寸；

(3)核验基准点和龙门桩的高程；

(4)填写工程定位测量记录。

5．注意事项

(1)高程引进要以规划部门指定的基准桩为准,不得任意借用相邻建筑物高程；

(2)定位放线要以规划部门指定的基线为准；

(3)要绘制定位放线和高程引进平面示意图,图中注明基准轴线桩的位置和各点高程。

1.1.4.2 基槽验线

对基槽轴线、放坡边线等几何尺寸进行的复验工作叫基槽验线。

1．内容

其内容包括复验基槽轴线、放坡边线、断面尺寸、标高、坡度等。

2．方法

根据红线桩的位置和基槽平面图,复验基槽轴线尺寸、基槽边线尺寸和放坡边线的位置是否符合设计要求。

1.1.4.3 模板工程

1．预检内容

(1)对照模板设计图,检查模板的几何尺寸、轴线、标高、预留孔、预埋件的位置；

(2)检查模板支设牢固性、稳定性；

(3)检查清扫口、浇筑口的留置位置,混凝土施工缝的留置是否符合要求,模内的残渣杂物的清理工作；

(4)检查模板的脱模剂涂刷情况、止水要求等。

2．填写模板预检工程记录

3．要求

模板预检应分层、分施工段、分部位进行。

1.1.4.4 混凝土施工缝留置的方法、位置和接槎的处理具体内容见主体工程施工阶段有关内容。

1.1.4.5 设备基础的预检

1. 意义

设备基础的质量好坏是保证设备安装精度的前提,固定设备的地脚螺栓、预留孔洞、预埋件位置必须留准。为了方便,必须选择合适的安装位置,设备基础必须在自检合格的基础上由技术员进行预检,以保证在规范要求的允许偏差范围内。

2. 预检内容

设备基础的位置、标高、几何尺寸、预留孔预埋件等。

1.1.5 隐蔽工程验收记录

1.1.5.1 地基验槽

1. 地基验槽的目的

检查地基土质和勘探报告的土质是否一致,标高和设计图纸的要求是否一致,以满足地耐力要求,保证建筑物的结构安全。

2. 基槽检验标准

基槽几何尺寸应符合设计要求,基底应挖至设计要求土层(即老土),基底土质颜色应均匀一致,坚硬程度一样,含水量不得出现异常现象,走上去不得有颤动感。

3. 地基验槽检查资料

(1)地质勘探报告(见竣工验收资料);

(2)钎探记录,包括钎探平面布置图(见施工记录);

(3)地基处理记录(见施工记录);

(4)基槽复验记录(见施工记录)。

结合以上记录内容对地基进行实地检查,地基土质和标高是否符合勘探和设计要求,检查钎探记录,地基有无局部软硬不均的地方。

4.地基验槽内容

土质情况、标高、槽宽、放坡情况,地基处理情况有洽商说明(必要时附图)。

5.根据检查结果填写隐检记录

1.1.5.2 地基处理复验记录

如验槽中存在问题,必须按处理意见及工程洽商对地基进行处理,处理后对地基进行复验,须有复验意见,符合要求后签证。

1.1.5.3 地下室施工缝、变形缝、止水带、过墙管等做法

1.止水环

防水混凝土结构施工时,固定模板用的钢丝和螺栓不宜穿过防水混凝土结构。结构内部设置的各种钢筋以及绑扎铁丝,均不得接触模板,如固定模板用的螺栓必须穿过防水混凝土结构时应采取止水措施,一般采用下列方法:

在螺栓或套管上加焊止水环。止水环必须满焊,环数应符合设计要求。

2.施工缝

底板混凝土应连续浇筑,不得留施工缝。墙体一般只允许留设水平施工缝,其位置不应留在剪力与弯矩最大处或底板与侧壁交接处,一般宜留在高出底板上表面不小于200mm的墙身上。墙体设有孔洞时,施工缝距孔洞边缘不宜小于300mm。

如必须留设垂直施工缝时,应留在结构的变形缝处。

在施工缝上继续浇筑混凝土前,应将施工缝处的混凝土

表面凿毛,清除浮粒和杂物,用水冲洗干净,保持湿润,再铺上一层 20~25mm 厚的水泥砂浆,水泥砂浆所用的材料和灰砂比应与混凝土的材料和灰砂比相同。

3. 地下室防水对基层的要求

基层表面应平整坚实、粗糙、清洁并充分湿润,但不得有积水;阴阳角均应做成圆弧或钝角,圆弧半径一般阳角 10mm,阴角 50mm。

4. 地下室防水层的细部做法

止水环:地下防水工程墙体和底板上所有的预埋管道及预埋件,必须在浇筑混凝土前按设计要求予以固定,并经检查合格后,浇筑于混凝土内。

穿墙管道预埋套管应设置止水环,环数应符合设计要求。止水环必须满焊严密。

1.1.6 基础、结构验收

1. 基础、主体结构工程验收程序

单位工程进入地上主体结构施工或装修前应进行基础和主体工程质量验收。其程序如下:

(1)由相当于施工队一级的技术负责人组织分部工程质量评定;

(2)由施工企业技术和质量部门组织质量核定;

(3)由建设单位、监理单位、施工单位和设计结构负责人共同对基础、主体结构工程进行验收签证;

(4)报请当地质量监督部门进行核定。

对于深基础或需提前插入装修者,可分次进行验收,结构最后完工时,应进行总的验收签证。有地下室或人防的工程,基础和地下部分验收时,应报请当地人防部门参加或单独组织验收。

2. 基础、主体结构工程验收的内容

(1)观感质量检查的主要内容

基础、主体结构工程观感质量检查的主要内容有:钢筋、混凝土、构件安装、预应力混凝土、砌砖、砌石、钢结构制作、焊接、螺栓连接、安装和钢结构油漆等。

基础结构工程还有打(压)桩、灌注桩、沉井和沉箱、地下连续墙及防水混凝土结构等。

主体结构工程还有木屋架的制作与安装、钢屋架等。

水、暖、卫及电气安装等已施工部分工程的检查。

(2)技术资料核查

基础、主体结构验收时,应核查的技术资料主要有:原材料试验,施工试验,施工记录,隐、预检,工程洽商,工程质量检验评定,水、暖、卫及电气安装技术资料等。

3. 验收中问题的处理

凡基础、主体结构工程未经有关部门验收签证,不得掩埋或装修。结构工程存在的技术、质量问题,应由设计单位提出处理意见(或方案),报质量监督部门备案,施工单位依照处理方案进行处理。

验收中所需处理问题在处理中应做好记录,需隐检者应按有关手续办理,加固补强者应有附图说明及试块试验记录,处理后应有复验签证。

基础、主体结构工程达不到验收合格标准,应按以下方法及时进行处理:

(1)请法定检测单位进行鉴定;

(2)设计单位经重新核算认定工程可满足结构安全和使用功能要求,可以验收签证;

(3)经加固补强合格后,可以验收签证;

(4)返工重做达到验收合格标准的,可以验收签证。

1.1.7 施工组织设计

1.1.7.1 编制施工组织设计的依据和基本原则

1. 单位工程施工组织设计的编制依据是:

(1)工程要求。上级主管部门和建设单位对该工程的建设工期要求,图纸设计要求,国家制定的施工及验收规范要求等。

(2)施工组织总设计。单位工程施工组织设计必须按照施工组织总设计的有关规定和要求进行编制。

(3)施工预算。预先提供工程分部分项工程量,人工工日,各类材料数量及预算成本的数据。

(4)企业年度生产计划。对本工程的安排和规定的各项指标。

(5)工程地质勘探报告以及地形图、测量控制网。

(6)建设单位提供的施工条件。如施工用地、水电供应、临时设施等。

(7)资源供应情况。如:劳动力、材料、构配件、主要机械设备的来源和供应情况。

(8)施工现场的具体情况。如地形、地上地下障碍物、水准点、气象、交通运输道路及施工环境等。

2. 在组织施工或编制施工组织设计时,根据建筑工程特点和多年来建筑施工积累的经验,一般遵循以下几项原则:

(1)坚决执行基本建设程序和施工程序。根据国家计划的要求和客观物质条件下的可能,保证建设项目成套按期或提前交付生产和使用,迅速发挥工程效益和基本建设投资效益。严格遵守国家和合同规定的工程竣工及交付使用的期限。

(2)合理安排施工程序的顺序。在保证工程质量的前提下,力争缩短工期,加快建设速度,施工顺序随工程性质、施工条件的不同而有差异。但是施工实践经验证明,不同的工程,在安排合理的施工顺序上有其共同性规律,通常应考虑以下几点:

1)在安排施工顺序时,要及时完成有关施工准备工作为正式施工创造良好条件。如:拆除旧有建筑物,清理场地,设置围墙(或围挡),铺设施工需要的临时性道路,以及供水、供电管网,建设临时性设施(库房、办公室、宿舍区等),安排大型施工机械的进场与安装。准备工作按施工需要,可一次性完成,也可分期完成。

2)正式施工时,一般先进行全场性的工程及可供施工使用的永久性建筑物(如平整场地,铺设永久性管网和修筑永久性道路),然后再进行各个工程项目的施工。在正式施工之初完成这些工程,有利于利用这些永久性道路、管线、建筑物为施工服务,从而减少暂设工程,节约投资,降低施工成本。在安排管线道路施工程序时,应先场外、后场内,场外由远及近。先主干后分布,地下工程先深后浅,排水先下游后上游。

3)对于单个房屋和构筑物的施工顺序,要同时考虑空间顺序和工种之间的顺序。空间顺序决定施工流向问题,必须根据生产需要,缩短工期和保证工程质量的要求来决定。工种顺序是解决时间上搭接问题,它必须做到保证质量,工种之间互相创造条件,充分利用工作面,争取时间,缩短施工期。

(3)采用流水施工方法和网络计划技术安排施工进度,根据施工的具体实际,科学编制施工进度计划,采用流水施工方法组织连续地、均衡地、有节奏地施工。采用网络计划技术编制施工计划,从而保证人力、物力和财力充分发挥作用。

(4)合理布置施工平面图,搞好文明施工。

在布置现场施工平面图时,充分利用施工用地,科学合理地安排临时设施、机械设备、各种材料、构配件的堆放,减少物资运输量,避免二次搬运,确保安全生产、文明施工。

(5)贯彻落实季节性施工方案。对于必须进行冬雨季施工的工程,要落实冬雨季施工的各项措施,增加全年施工工日,提高施工的连续性和均衡性。

(6)贯彻施工技术规范、操作规程,采用国内外先进的施工技术,科学地组织和管理,合理选择施工方案,确保工程质量和安全生产。

(7)尽量降低工程成本,提高工程的经济效益。

要本着勤俭节约的原则,因地制宜、就地取材,努力提高机械设备的周转率和利用率,充分利用原有建筑设施,尽量减少临时设施和暂设工程。制定技术节约措施和材料节约措施,合理安排人力、物力,搞好综合平衡调度。

1.1.7.2 单位工程施工组织设计编制的程序

单位工程,有的是属于整个建设项目的一个单独建筑物,有的是一个完全独立的单个建筑物,根据工程的特点和施工条件,编制程序繁简不一,单位工程施工组织设计的一般编制程序见图1-3。

1.1.7.3 编制施工组织设计的基本要求

在认真会审图纸的基础上,开工前由预算、施工、技术、质量、安全、物资等各管理部门共同编制施工组织设计,内容要齐全、科学、合理,对本工程特点要具有针对性。施工组织设计应有编制人、审批人签字和主管部门盖章。要求施工组织设计要编制及时,审批及时,真正起到指导现场施工的作用。

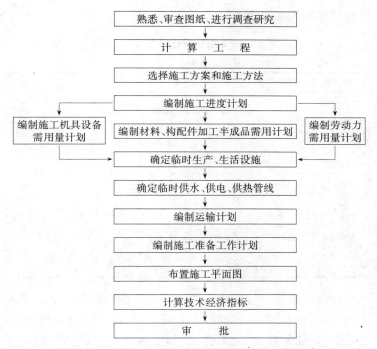

图 1-3 单位工程施工组织设计编制程序示意图

1.1.7.4 单位工程施工组织设计的基本内容

单位工程施工组织设计的基本内容包括:工程概况;施工部署;施工进度计划及施工进度表;施工平面布置图;施工准备工作计划;施工方案(主要项目施工方法);季节性施工方案;质量、安全、文明施工各项保证措施。

1.1.7.5 施工组织设计的审批与交底

施工组织设计编制完应及时报送上一级技术管理部门审批。审批人在施工组织设计编审表(见表 1-58)上提出审批意见并有审批部门盖章和审批人签字。补充、变更施工组织设计应有编制人和审批人签字。

施工组织设计编审表　　　表 1-58
（或施工方案）　（首页）

工程名称		结构形式	
面　　积		层　　数	
建设单位		施工单位	
编制部门		编制人	
编制时间		报审时间	
审批部门		审批时间	
审 批 人			

审批意见
填写讨论的主要结论（包括应修改的部分）

经过审批后的施工组织设计在开工前要进行交底。将施工组织设计的全部内容向施工人员交代，以便掌握工程特点、施工部署、任务划分、施工方法、施工进度、各项管理措施、平面布置等，用先进的技术手段和科学的组织手段完成施工任务。

1.1.8　技术交底

技术交底：包括设计交底、施工组织设计交底和主要分项工程施工技术交底。各项交底应有文字记录，交底的双方应有签认手续。

在地基与基础工程施工阶段，包括如下分项工程技术交底：人工挖土；基土钎探；人工回填土；机械挖土；机械回填土；砌砖基础；灰土地基；砂石地基；打预制钢筋混凝土桩；长螺旋钻成孔灌注桩；现浇桩基承台梁混凝土。

举例说明人工挖土分项工程技术交底如下。

人工挖土

本技术交底内容适用于一般工业及民用建筑物、构筑物的基坑(槽)和管沟等人工挖土工程。

1. 主要机具

主要机具有：尖、平头铁锹、手锤、手推车、梯子、铁镐、撬棍、钢尺、坡度尺、小线或20号钢丝等。

2. 作业条件

(1)土方开挖前，应根据施工方案的要求，将施工区域内的地上、地下障碍物清除和处理完毕。

(2)建筑物或构筑物的位置或场地的定位控制线(桩)、标准水平桩及基槽的灰线尺寸，必须经过检验合格，并办完预检手续。

(3)场地要清理平整，做好排水坡度，在施工区域内，要挖临时性排水沟。

(4)夜间施工时，应合理安排工序，防止错挖或超挖。施工场地应根据需要安装照明设施，在危险地段应设置明显标志。

(5)开挖低于地下水位的基坑(槽)、管沟时，应根据当地工程地质资料，采取措施降低地下水位，一般要降至低于开挖底面的0.5m，然后再开挖。

3. 操作工艺

工艺流程：

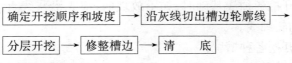

(1)坡度的确定

1)在天然湿度的土中,开挖基坑(槽)和管沟时,当挖土深度不超过下列数值规定,可不放坡,不加支撑。

①密实、中密的砂土和碎石类土(充填物为砂土)——1.0m;

②硬塑、可塑的黏质粉土及粉质黏土——1.25m;

③硬塑、可塑的黏质粉土和碎石类土(充填物为黏性土)——1.5m;

④坚硬的黏土——2.0m。

2)超过上述规定深度,在5m以内时,当土具有天然湿度,构造均匀,水文地质条件好,且无地下水,不加支撑的基坑(槽)和管沟,必须放坡。边坡最陡坡度应符合表1-59的规定。

各类土的边坡坡度　　　　　表1-59

序号	土的类别	边坡坡度(高:宽)		
		坡顶无荷载	坡顶有静载	坡顶有动载
1	中密的砂土	1:1.00	1:1.25	1:1.50
2	中密的碎石类土(充填物为砂土)	1:0.75	1:1.00	1:1.25
3	硬塑的黏质粉土	1:0.67	1:0.75	1:1.00
4	中密的碎石类土(充填物为黏性土)	1:0.50	1:0.67	1:0.75
5	硬塑的粉质黏土、黏土	1:0.33	1:0.50	1:0.67
6	老黄土	1:0.10	1:0.25	1:0.33
7	软土(经井点降水后)	1:1.00	—	—

(2)根据基础和土质、现场出土等条件要合理确定开挖顺序,然后再分段分层平均下挖。

(3)开挖各种浅基础时,如不放坡时,应先沿灰线直边切出槽边的轮廓线。

(4)开挖各种槽坑:

1)浅条形基础。一般黏性土可自上而下分层开挖,每层深度以 60cm 为宜,从开挖端部逆向倒退按踏步型挖掘。碎石类土先用镐翻松,正向挖掘,每层深度,视翻土厚度而定,每层应清底和出土,然后逐步挖掘。

2)浅管沟。与浅的条形基础开挖基本相同,仅沟帮不切直修平。标高按龙门板上平往下返出沟底尺寸,接近设计标高后,再从两端龙门板下面的沟底标高上返 50cm 为基准点,拉小线用尺检查沟底标高,最后修整沟底。

3)开挖放坡的坑(槽)和管沟时,应先按施工方案规定的坡度粗略开挖,再分层按坡度要求做出坡度线,每隔 3m 左右做出一条,以此为准进行铲坡。深管沟挖土时,应在沟帮中间留出宽 80cm 左右的倒土台。

4)开挖大面积浅基坑时,沿坑三面开挖,挖出的土方装入手推车或翻斗车,由未开挖的一面运至弃土地点。

(5)开挖基坑(槽)或管沟,当接近地下水位时,应先完成标高最低处的挖方,以便在该处集中排水。开挖后,在挖到距槽底 50cm 以内时,测量放线人员应配合抄出距槽 50cm 平线;自每条槽端部 20cm 处每隔 2~3m,在槽帮上钉水平标高小木橛。在挖至接近槽底标高时,用尺或事先量好的 50cm 标准尺杆,随时以小木橛上平校核槽底标高。最后由两端轴线(中心线)引桩拉通线、检查距槽边尺寸,确定槽宽标准,据此修整槽帮,最后清除槽底土方,修底铲平。

(6)基坑(槽)、管沟的直立帮和坡度,在开挖过程和敞露期间应防止塌方,必要时应加以保护。

在开挖槽边弃土时,应保证边坡和直立帮的稳定。当土质良好时,抛于槽边的土方(或材料),应距槽(沟)边缘 0.8m 以外,高度不宜超过 1.5m。在柱基周围、墙基或围墙一侧,不得堆土过高。

(7)开挖基坑(槽)的土方,在场地有条件堆放时,留足回填需用的好土,多余的土方运出,避免二次搬运。

(8)土方开挖一般不宜在雨期进行,否则工作面不宜过大,应分段逐片的分期完成。

雨期开挖基坑(槽)或管沟时,应注意边坡稳定,必要时可适当放缓边坡或设置支撑。同时应在坑(槽)外侧围以土堤或开挖水沟,防止地面水流入。施工时应加强对边坡、支撑、土堤等的检查。

(9)土方开挖不宜在冬期施工。如必须在冬期施工时,其施工方法应按冬施方案进行。

采用防止冻结法开挖土方时,可在冻结前用保温材料覆盖或将表层土翻耕耙松,其翻耕深度应根据当地气候条件确定,一般不小于0.3m。

开挖基坑(槽)或管沟时,必须防止基础下的基土遭受冻结,如基坑(槽)开挖完毕至地基施工或埋设管道之间,有较长的停歇时间,应在基底标高以上预留适当厚度的松土,或用其他保温材料覆盖。地基不得受冻。如遇开挖土方引起邻近构筑物(建筑物)的地基和基础暴露时,应采取防冻措施,以防产生冻结破坏。

4. 质量标准

(1)主控项目:

开挖标高、长度、宽度、边坡坡度,均需符合设计要求。

柱基、基槽和管沟基底的土质必须符合设计要求,并严禁扰动。

(2)一般项目:

控制好开挖表面平整度及基底土性。

(3)允许偏差见表1-60。

土方开挖工程质量检验标准(mm)　　表1-60

项目序	目号	项　目	允许偏差或允许值				检　验　方　法
			柱基基坑基槽	人工挖方场地平整	管沟	地(路)面基层	
主控项目	1	标　高	-50	±30	-50	-50	水准仪
	2	长度、宽度（由设计中心线向两边量）	+200 -50	+300 -100	+100	—	经纬仪,用钢尺量
	3	边　坡	设计要求				观察或用坡度尺检查
一般项目	1	表面平整度	20	20	20	20	用2m靠尺和楔形塞尺检查
	2	基底土性	设计要求				观察或土样分析

注：地(路)面基层的偏差只适用于直接在挖填方上做地(路)面的基层

5. 成品保护

(1)对定位标准轴线引桩、标准水准点、龙门板等,挖运时不得碰撞,也不得坐在龙门板上休息,并应经常测量和校核其位置、水平标高以及边坡坡度是否符合设计要求。

(2)土方开挖时,应防止邻近已有建筑物或构筑物、道路、管线等发生下沉或变形。必要时与设计单位或建设单位协商采取防护措施,并在施工中进行沉降和位移观测。

(3)施工中如发现有文物或古墓等,应妥善保护,并应立即报请当地有关部门处理后,方可继续施工。如发现有测量用的永久性标桩或地质、地震部门设置的长期观测点等,应加以保护。在敷设地上或地下管道、电缆的地段进行土方施工时,应事先取得有关管理部门的书面同意,施工中应采取措施,以防止损坏管线。

6. 应注意的质量问题

(1)基底超挖:开挖基坑(槽)或管沟不得超过基底标高,如个别地方超挖时,其处理方法应取得设计单位的同意。

(2)软土地区桩基挖土应注意的问题:在密集群桩上开挖基坑时,应在打桩完成后间隔一段时间,再对称挖土。在密集桩附近开挖基坑(槽)时,应采取措施防止桩基位移。

(3)基底未保护:基坑(槽)开挖后,应尽量减少对基底土的扰动。如基础不能及时施工时,可在基底标高以上留0.3m厚土层,待做基础时再挖。

(4)施工顺序不合理:土方开挖宜先从低处开挖,分层分段依次进行,形成一定坡度,以利排水。

(5)开挖尺寸不足:基坑(槽)或管沟底部的开挖宽度,除结构宽度外,应根据施工需要增加工作面宽度。如排水设施,支撑结构的所需宽度。

(6)基坑(槽)或管沟边坡不直不平、基底不平:应加强检查,随挖随修,并要认真验收。

1.1.9 工程质量验收记录

1.1.9.1 建筑工程施工质量验收统一标准

1. 总则

(1)为了加强建筑工程质量管理,统一建筑工程施工质量的验收,保证工程质量,制订本标准。

(2)本标准适用于建筑工程施工质量的验收,并作为建筑工程各专业工程施工质量验收规范编制的统一准则。

(3)本标准依据现行国家有关工程质量的法律、法规、管理标准和有关技术标准编制。建筑工程各专业工程施工质量验收规范必须与本标准配合使用。

2. 术语

(1)建筑工程(building engineering)

为新建、改建或扩建房屋建筑物和附属构筑物设施所进行的规划、勘察、设计和施工、竣工等各项技术工作和完成的工程实体。

(2)建筑工程质量(quality of building engineering)

反映建筑工程满足相关标准规定或合同约定的要求,包括其在安全、使用功能及其在耐久性能、环境保护等方面所有明显和隐含能力的特性总和。

(3)验收(acceptance)

建筑工程在施工单位自行质量检查评定的基础上,参与建设活动的有关单位共同对检验批、分项、分部、单位工程的质量进行抽样复验,根据相关标准以书面形式对工程质量达到合格与否做出确认。

(4)进场验收(site acceptance)

对进入施工现场的材料、构配件、设备等按相关标准规定要求进行检验,对产品达到合格与否做出确认。

(5)检验批(inspection lot)

按同一的生产条件或按规定的方式汇总起来供检验用的,由一定数量样本组成的检验体。

(6)检验(inspection)

对检验项目中的性能进行量测、检查、试验等,并将结果与标准规定要求进行比较,以确定每项性能是否合格所进行的活动。

(7)见证取样检测(evidential testing)

在监理单位或建设单位监督下,由施工单位有关人员现场取样,并送至具备相应资质的检测单位所进行的检测。

(8)交接检验(handing over inspection)

由施工的承接方与完成方经双方检查并对可否继续施工

做出确认的活动。

(9)主控项目(dominant item)

建筑工程中的对安全、卫生、环境保护和公众利益起决定性作用的检验项目。

(10)一般项目(general item)

除主控项目以外的检验项目。

(11)抽样检验(sampling inspection)

按照规定的抽样方案,随机地从进场的材料、构配件、设备或建筑工程检验项目中,按检验批抽取一定数量的样本所进行的检验。

(12)抽样方案(sampling scheme)

根据检验项目的特性所确定的抽样数量和方法。

(13)计数检验(counting inspection)

在抽样的样本中,记录每一个体有某种属性或计算每一个体中的缺陷数目的检查方法。

(14)计量检验(quantitative inspection)

在抽样检验的样本中,对每一个体测量其某个定量特性的检查方法。

(15)观感质量(quality of appearance)

通过观察和必要的量测所反映的工程外在质量。

(16)返修(repair)

对工程不符合标准规定的部位采取整修等措施。

(17)返工(rework)

对不合格的工程部位采取的重新制作、重新施工等措施。

3. 基本规定

(1)施工现场质量管理应有相应的施工技术标准,健全的质量管理体系、施工质量检验制度和综合施工质量水平评定考核制度。

施工现场质量管理可按本标准附录A的要求进行检查记录。

(2)建筑工程应按下列规定进行施工质量控制：

1)建筑工程采用的主要材料、半成品、成品、建筑构配件、器具和设备应进行现场验收。凡涉及安全、功能的有关产品，应按各专业工程质量验收规范规定进行复验，并应经监理工程师(建设单位技术负责人)检查认可。

2)各工序应按施工技术标准进行质量控制，每道工序完成后，应进行检查。

3)相关各专业工种之间，应进行交接检验，并形成记录。未经监理工程师(建设单位技术负责人)检查认可，不得进行下道工序施工。

(3)建筑工程施工质量应按下列要求进行验收：

1)建筑工程施工质量应符合本标准和相关专业验收规范的规定。

2)建筑工程施工应符合工程勘察、设计文件的要求。

3)参加工程施工质量验收的各方人员应具备规定的资格。

4)工程质量的验收均应在施工单位自行检查评定的基础上进行。

5)隐蔽工程在隐蔽前应由施工单位通知有关单位进行验收，并应形成验收文件。

6)涉及结构安全的试块、试件以及有关材料，应按规定进行见证取样检测。

7)检验批的质量应按主控项目和一般项目验收。

8)对涉及结构安全和使用功能的重要分部工程应进行抽

样检测。

9)承担见证取样检测及有关结构安全检测的单位应具有相应资质。

10)工程的观感质量应由验收人员通过现场检查,并应共同确认。

(4)检验批的质量检验,应根据检验项目的特点在下列抽样方案中进行选择:

1)计量、计数或计量-计数等抽样方案。

2)一次、二次或多次抽样方案。

3)根据生产连续性和生产控制稳定性情况,尚可采用调整型抽样方案。

4)对重要的检验项目当可采用简易快速的检验方法时,可选用全数检验方案。

5)经实践检验有效的抽样方案。

(5)在制定检验批的抽样方案时,对生产方风险(或错判概率 α)和使用方风险(或漏判概率 β)可按下列规定采取:

1)主控项目:对应于合格质量水平的 α 和 β 均不宜超过5%。

2)一般项目:对应于合格质量水平的 α 不宜超过5%,β 不宜超过10%。

4. 建筑工程质量验收的划分

(1)建筑工程质量验收应划分为单位(子单位)工程、分部(子分部)工程、分项工程和检验批。

(2)单位工程的划分应按下列原则确定:

1)具备独立施工条件并能形成独立使用功能的建筑物及构筑物为一个单位工程。

2)建筑规模较大的单位工程,可将其能形成独立使用功能的部分为一个子单位工程。

(3)分部工程的划分应按下列原则确定：

1)分部工程的划分应按专业性质、建筑部位确定。

2)当分部工程较大或较复杂时,可按材料种类、施工特点、施工程序、专业系统及类别等划分为若干子分部工程。

(4)分项工程应按主要工种、材料、施工工艺、设备类别等进行划分。

(5)分项工程可由一个或若干检验批组成,检验批可根据施工及质量控制和专业验收需要按楼层、施工段、变形缝等进行划分。

(6)室外工程可根据专业类别和工程规模划分单位(子单位)工程。

5．建筑工程质量验收

(1)检验批合格质量应符合下列规定：

1)主控项目和一般项目的质量经抽样检验合格。

2)具有完整的施工操作依据、质量检查记录。

(2)分项工程质量验收合格应符合下列规定：

1)分项工程所含的检验批均应符合合格质量的规定。

2)分项工程所含的检验批的质量验收记录应完整。

(3)分部(子分部)工程质量验收合格应符合下列规定：

1)分部(子分部)工程所含分项工程的质量均应验收合格。

2)质量控制资料应完整。

3)地基与基础、主体结构和设备安装等分部工程有关安全及功能的检验和抽样检测结果应符合有关规定。

4)观感质量验收应符合要求。

(4)单位(子单位)工程质量验收合格应符合下列规定：

1)单位(子单位)工程所含分部(子分部)工程的质量均应验收合格。

2)质量控制资料应完整。

3)单位(子单位)工程所含分部工程有关安全和功能的检测资料应完整。

4)主要功能项目的抽查结果应符合相关专业质量验收规范的规定。

5)观感质量验收应符合要求。

(5)建筑工程质量验收记录应符合下列规定：

1)检验批质量验收可按表1-61进行。

检验批质量验收记录 表1-61

工程名称		分项工程名称		验收部位	
施工单位			专业工长		项目经理
施工执行标准名称及编号					
分包单位		分包项目经理		施工班组长	
	质量验收规范的规定	施工单位检查评定记录		监理(建设)单位验收记录	
主控项目	1				
	2				
	3				
	4				
	5				
	6				
	7				
	8				
	9				
一般项目	1				
	2				
	3				
	4				
施工单位检查评定结果		项目专业质量检查员：		年 月 日	
监理(建设)单位验收结论		监理工程师(建设单位项目专业技术负责人)		年 月 日	

2)分项工程质量验收可按表 1-62 进行。

_____分项工程质量验收记录表　　表 1-62

工程名称		结构类型		检验批数	
施工单位		项目经理		项目技术负责人	
分包单位		分包单位负责人		分包项目经理	

序号	检验批部位、区段	施工单位检查评定结果	监理(建设)单位验收结论
1			
2			
3			
4			
5			
6			
7			
8			
9			
10			
11			
12			

检查结论	项目专业技术负责人： 年　月　日	验收结论	监理工程师： (建设单位项目专业技术负责人) 年　月　日

3)分部(子分部)工程质量验收应按表1-63进行。

_____分部(子分部)工程验收记录　　表1-63

工程名称		结构类型		层　　数	
施工单位		技术部门负责人		质量部门负责人	
分包单位		分包单位负责人		分包技术负责人	
序号	分项工程名称	检验批数	施工单位检查评定	验　收　意　见	
1					
2					
3					
4					
5					
6					
质量控制资料					
安全和功能检验(检测)报告					
观感质量验收					
验收单位	分包单位		项目经理	年　月　日	
	施工单位		项目经理	年　月　日	
	勘察单位		项目负责人	年　月　日	
	设计单位		项目负责人	年　月　日	
	监理(建设)单位	总监理工程师 (建设单位项目专业负责人)		年　月　日	

4) 单位(子单位)工程质量验收,质量控制资料核查,安全和功能检验资料核查及主要功能抽查记录,观感质量检查应按表1-64至表1-67进行。

单位(子单位)工程质量竣工验收记录表　　表1-64

工程名称		结构类型		层数/建筑面积	
施工单位		技术负责人		开工日期	
项目经理		项目技术负责人		竣工日期	
序号	项　目	验　收　记　录		验　收　结　论	
1	分部工程	共　　分部,经查　　分部 符合标准及设计要求　　分部			
2	质量控制资料核查	共　项,经审查符合要求　项, 经核定符合规范要求　　项			
3	安全和主要使用功能核查及抽查结果	共核查　项,符合要求　　项, 共抽查　项,符合要求　　项, 经返工处理符合要求　　项			
4	观感质量验收	共抽查　　项,符合要求　　项, 不符合要求　　项			
5	综合验收结论				
参加验收单位	建设单位	监理单位		施工单位	设计单位
	(公章) 单位(项目)负责人 年 月 日	(公章) 总监理工程师 年 月 日		(公章) 单位负责人 年 月 日	(公章) 单位(项目)负责人 年 月 日

单位(子单位)工程质量控制资料核查记录　　表1-65

工程名称			施工单位		
序号	项目	资料名称	份数	核查意见	核查人
1	建筑与结构	图纸会审、设计变更、洽商记录			
2		工程定位测量、放线记录			
3		原材料出厂合格证书及进场检(试)验报告			
4		施工试验报告及见证检测报告			
5		隐蔽工程验收记录			
6		施工记录			
7		预制构件、预拌混凝土合格证			
8		地基基础、主体结构检验及抽样检测资料			
9		分项、分部工程质量验收记录			
10		工程质量事故及事故调查处理资料			
11		新材料、新工艺施工记录			
12					
1	给排水与采暖	图纸会审、设计变更、洽商记录			
2		材料、配件出厂合格证书及进场检(试)验报告			
3		管道、设备强度试验、严密性试验记录			
4		隐蔽工程验收记录			
5		系统清洗、灌水、通水、通球试验记录			
6		施工记录			
7		分项、分部工程质量验收记录			
8					

续表

工程名称			施工单位			
序号	项目	资 料 名 称		份数	核查意见	核查人
1	建筑电气	图纸会审、设计变更、洽商记录				
2		材料、设备出厂合格证书及进场检(试)验报告				
3		设备调试记录				
4		接地、绝缘电阻测试记录				
5		隐蔽工程验收记录				
6		施工记录				
7		分项、分部工程质量验收记录				
8						
1	通风与空调	图纸会审、设计变更、洽商记录				
2		材料、设备出厂合格证书及进场检(试)验报告				
3		制冷、空调、水管道强度试验、严密性试验记录				
4		隐蔽工程验收记录				
5		制冷设备运行调试记录				
6		通风、空调系统调试记录				
7		施工记录				
8		分项、分部工程质量验收记录				
1	电梯	土建布置图纸会审、设计变更、洽商记录				
2		设备出厂合格证书及开箱检验记录				
3		隐蔽工程验收记录				
4		施工记录				
5		接地、绝缘电阻测试记录				
6		负荷试验、安全装置检查记录				
7		分项、分部工程质量验收记录				
8						

续表

工程名称			施工单位			
序号	项目	资料名称		份数	核查意见	核查人
1	智能建筑	图纸会审、设计变更、洽商记录、竣工图及设计说明				
2		材料、设备出厂合格证及技术文件及进场检(试)验报告				
3		隐蔽工程验收记录				
4		系统功能测定及设备调试记录				
5		系统技术、操作和维护手册				
6		系统管理、操作人员培训记录				
7		系统检测报告				
8		分项、分部工程质量验收报告				

结论：

总监理工程师
施工单位项目经理　年　月　日　（建设单位项目负责人）　年　月　日

单位(子单位)工程安全和功能检验资料核查及主要功能抽查记录　　表1-66

工程名称			施工单位			
序号	项目	安全和功能检查项目	份数	核查意见	抽查结果	核查(抽查人)
1	建筑与结构	屋面淋水试验记录				
2		地下室防水效果检查记录				
3		有防水要求的地面蓄水试验记录				
4		建筑物垂直度、标高、全高测量记录				
5		抽气(风)道检查记录				
6		幕墙及外窗气密性、水密性、耐风压检测报告				

续表

工程名称			施工单位			
序号	项目	安全和功能检查项目	份数	核查意见	抽查结果	核查(抽查人)
7	建筑与结构	建筑物沉降观测测量记录				
8		节能、保温测试记录				
9		室内环境检测报告				
10						
1	给排水与采暖	给水管道通水试验记录				
2		暖气管道、散热器压力试验记录				
3		卫生器具满水试验记录				
4		消防、燃气管道压力试验记录				
5		排水干管通球试验记录				
6						
1	电气	照明全负荷试验记录				
2		大型灯具牢固性试验记录				
3		避雷接地电阻测试记录				
4		线路、插座、开关接地检验记录				
5						
1	通风空调	通风、空调系统试运行记录				
2		风量、温度测试记录				
3		洁净室内洁净度测试记录				
4		制冷机组试运行调试记录				
5						
1	电梯	电梯运行记录				
2		电梯安全装置检测报告				

续表

工程名称			施工单位			
序号	项目	安全和功能检查项目	份数	核查意见	抽查结果	核查(抽查人)
1	智能建筑	系统试运行记录				
2		系统电源及接地检测报告				
3						

结论：

　　　　　　　　　　　　总监理工程师
施工单位项目经理　　年 月 日　　(建设单位项目负责人)　年 月 日

单位(子单位)工程观感质量检查记录　　表1-67

工程名称			施工单位			
序号	项目		抽查质量状况	质量评价		
				好	一般	差
1	建筑与结构	室外墙面				
2		变形缝				
3		水落管、屋面				
4		室内墙面				
5		室内顶棚				
6		室内地面				
7		楼梯、踏步、护栏				
8		门窗				
1	给排水与采暖	管道接口、坡度、支架				
2		卫生器具、支架、阀门				
3		检查口、扫除口、地漏				
4		散热器、支架				

续表

工程名称			施工单位									
序号		项目	抽查质量状况							质量评价		
										好	一般	差
1	建筑电气	配电箱、盘、板、接线盒										
2		设备器具、开关、插座										
3		防雷、接地										
1	通风与空调	风管、支架										
2		风口、风阀										
3		风机、空调设备										
4		阀门、支架										
5		水泵、冷却塔										
6		绝热										
1	电梯	运行、平层、开关门										
2		层门、信号系统										
3		机房										
1	智能建筑	机房设备安装及布局										
2		现场设备安装										
3												
观感质量综合评价												
检查结论		施工单位项目经理　　　　　　　　　　　　　　年　月　日　　　　　　总监理工程师　　　　（建设单位项目负责人）　年　月　日										

(6)当建筑工程质量不符合要求时,应按下列规定进行处理:

1)经返工重做或更换器具、设备的检验批,应重新进行验收。

2)经有资质的检测单位检测鉴定能够达到设计要求的检验批,应予以验收。

3)经有资质的检测单位检测鉴定达不到设计要求、但经原设计单位核算认可能够满足结构安全和使用功能的检验批,可予以验收。

4)经返修或加固处理的分项、分部工程,虽然改变外形尺寸但仍能满足安全使用要求,可按技术处理方案和协商文件进行验收。

(7)通过返修或加固处理仍不能满足安全使用要求的分部工程、单位(子单位)工程,严禁验收。

6.建筑工程质量验收程序和组织

(1)检验批及分项工程应由监理工程师(建设单位项目技术负责人)组织施工单位项目专业质量(技术)负责人等进行验收。

(2)分部工程应由总监理工程师(建设单位项目负责人)组织施工单位项目负责人和技术、质量负责人等进行验收;地基与基础、主体结构分部工程的勘察、设计单位工程项目负责人和施工单位技术、质量部门负责人也应参加相关分部工程验收。

(3)单位工程完工后,施工单位应自行组织有关人员进行检查评定,并向建设单位提交工程验收报告。

(4)建设单位收到工程验收报告后,应由建设单位(项目)负责人组织施工(含分包单位)、设计、监理等单位(项目)负责人进行单位(子单位)工程验收。

(5)单位工程有分包单位施工时,分包单位对所承包的工程项目应按本标准规定的程序检查评定,总包单位应派人参加。分包工程完成后,应将工程有关资料交总包单位。

(6)当参加验收各方对工程质量验收意见不一致时,可请当地建设行政主管部门或工程质量监督机构协调处理。

(7)单位工程质量验收合格后,建设单位应在规定时间内将工程竣工验收报告和有关文件,报建设行政管理部门备案。

7. 施工现场质量管理检查记录表

施工现场质量管理检查记录表是健全的质量管理体系的具体要求。一般一个标段或一个单位(子单位)工程检查一次,在开工前检查,由施工单位现场负责人填写,由监理单位的总监理工程师(建设单位项目负责人)验收。下面分三个部分来说明填表要求和填写方法。

(1)表头部分

填写参与工程建设各方责任主体的概况。由施工单位的现场负责人填写。

工程名称栏。应填写工程名称的全称,与合同或招投标文件中的工程名称一致。

施工许可证(开工证),填写当地建设行政主管部门批准发给的施工许可证(开工证)的编号。

建设单位栏填写合同文件中的甲方,单位名称也应写全称,与合同签章上的单位名称相同。建设单位项目负责人栏,应填合同书上签字人或签字人以文字形式委托的代表——工程的项目负责人。工程完工后竣工验收备案表中的单位项目负责人应与此一致。

设计单位栏填写设计合同中签章单位的名称,其全称应与印章上的名称一致。设计单位的项目负责人栏,应是设计合同书签字人或签字人以文字形式委托的该项目负责人,工程完工后竣工验收备案表中的单位项目负责人也应与此一致。

监理单位栏填写单位全称,应与合同或协议书中的名称一致。总监理工程师栏应是合同或协议书中明确的项目监理负责人,也可以是监理单位以文件形式明确的该项目监理负责人,必须有监理工程师任职资格证书,专业要对口。

施工单位栏填写施工合同中签章单位的全称,与签章上的名称一致。项目经理栏、项目技术负责人栏与合同中明确的项目经理、项目技术负责人一致。

表头部分可统一填写,不需具体人员签名,只是明确了负责人的地位。

(2)检查项目部分

填写各项检查项目文件的名称或编号,并将文件(复印件或原件)附在表的后面供检查,检查后应将文件归还。

1)现场质量管理制度。主要是图纸会审、设计交底、技术交底、施工组织设计编制审批程序、工序交接、质量检查评定制度,奖励及处罚办法,以及质量例会制度和质量问题处理制度等。

2)质量责任制栏。质量负责人的分工,各项质量责任的落实规定,定期检查及有关人员奖罚制度等。

3)主要专业工种操作上岗证书栏。测量工、起重、塔吊垂直运输司机,钢筋、混凝土、机械、焊接、瓦工、防水工等建筑结构工种。

电工、管道等安装工种的上岗证,以当地建设行政主管部门的规定为准。

4)分包方资质与对分包单位的管理制度栏。专业承包单位的资质应在其承包业务的范围内承建工程,超出范围的应办理特许证书,否则不能承包工程。在有分包的情况下,总承包单位应有管理分包单位的制度,主要是质量、技术的管理制度等。

5)施工图审查情况栏。重点是看建设行政主管部门出具的施工图审查批准书及审查机构出具的审查报告。如果图纸是分批交出的话,施工图审查可分段进行。

6)地质勘察资料栏。有勘察资质的单位出具的正式地质勘察报告,在地下部分施工方案制定时和施工组织总平面图编制时可作为参考。

7)施工组织设计、施工方案及审批栏。检查编写内容、有针对性的具体措施,编制程序、内容,有编制单位、审核单位、批准单位,并有贯彻执行的措施。

8)施工技术标准栏。是操作的依据和保证工程质量的基础,承建企业应编制不低于国家质量验收规范的操作规程等企业标准。要有批准程序,由企业的总工程师、技术委员会负责人审查批准,有批准日期、执行日期、企业标准编号及标准名称。企业应建立技术标准档案。施工现场应有的施工技术标准都有。可作培训工人、技术交底和施工操作的主要依据,也是质量检查评定的标准。

9)工程质量检验制度栏。包括三方面的检验,一是原材料、设备进场检验制度;二是施工过程的试验报告;三是竣工后的抽查检测,应专门制订抽测项目、抽测时间、抽测单位等计划,使监理、建设单位等都做到心中有数。可以单独搞一个计划,也可在施工组织设计中作为一项内容。

10)搅拌站及计量设置栏。主要是说明设置在工地搅拌站的计量设施的精确度、管理制度等内容。预拌混凝土或安装专业没有这项内容。

11)现场材料、设备存放与管理栏。这是为保证材料、设备质量必须有的措施。要根据材料、设备性能制订管理制度,建立相应的库房等。

(3)检查项目填写内容

1)直接将有关资料的名称写上,资料较多时,也可将有关资料进行编号,将编号填写上,注明份数。

2)填表时间是在开工之前,监理单位的总监理工程师(建设单位项目负责人)应对施工现场进行检查,这是保证开工后施工顺利和保证工程质量的基础,目的是做好施工前的准备。

3)填写由施工单位负责人填写,填写之后,并将有关文件的原件或复印件附在后边,请总监理工程师(建设单位项目负责人)验收核查,验收核查后,返还施工单位,并签字认可。

4)通常情况下一个工程的一个标段或一个单位工程只查一次,如分段施工、人员更换,或管理工作不到位时,可再次检查。

5)如总监理工程师或建设单位项目负责人检查验收不合格,施工单位必须限期改正,否则不许开工。

8.检验批质量验收记录表

(1)表的名称及编号

检验批由监理工程师或建设单位项目技术负责人组织项目专业质量检查员等进行验收,表的名称应在制订专用表格时就印好,上面印上分项工程的名称。表的名称下面注上"质量验收规范的编号"。

检验批表的编号按全部施工质量验收规范系列的分部工程、子分部工程统一为8位数的数码编号,写在表的右上角,

前6位数字均印在表上,后留2个空格,检查验收时填写检验批的顺序号。其编号规则为:

前边2个数字是分部工程的代码,01~09。地基与基础为01,主体结构为02,建筑装饰装修为03,建筑屋面为04,建筑给水排水及采暖为05,建筑电气为06,智能建筑为07,通风与空调为08,电梯为09。

第3、4位数字是子分部工程的代码。

第5、6位数字是分项工程的代码。

其顺序号见 GB50300—2001 附录 B,表 B.0.1——建筑工程分部(子分部)、分项工程划分表。

第7、8位数字是各分项工程检验批验收的顺序号。由于在大量高层或超高层建筑中,同一个分项工程会有很多检验批的数量,故留了2位数的空位置。

如地基与基础分部工程,无支护土方子分部工程,土方开挖分项工程,其检验批表的编号为010101□□,第一检验批编号为:010101 01 。

还需说明的是,有些子分部工程中有些项目(分项)可能在2个分部工程中出现,这就要在同一个表上编2个分部工程及相应子分部工程的编号:如砖砌体分项工程在地基与基础和主体结构中都有,砖砌体分项工程检验批的表编号为:010701□□、020301□□。

有些分项工程可能在几个子分部工程中出现,这就应在同一个检验批表上编几个子分部工程及分项工程的编号。如建筑电气的接地装置安装,在室外电气、变配电室、备用和不间断电源安装及防雷接地安装等子分部工程中都有。

其编号为:060109□□
　　　　　060206□□

060608 □□
060701 □□

4行编号中的第5、6位数字的分别是:第一行09是室外电气子分部工程的第9个分项工程,第二行的06是变配电室子分部工程的第6个分项工程,其余类推。

另外,有些规范的分项工程,在验收时也将其划分为几个不同的检验批来验收。如混凝土结构子分部工程的混凝土分项工程,分为原材料、配合比设计、混凝土施工3个检验批来验收。又如建筑装饰装修分部工程建筑地面子分部工程中的基层分项工程,其中有几种不同的检验批。故在其表名下加标罗马数字(Ⅰ)、(Ⅱ)、(Ⅲ)……。

(2)表头部分的填写

1)检验批表编号的填写,在2个方框内填写检验批序号。如为第11个检验批则填为 1 1 。

2)单位(子单位)工程名称,按合同文件上的单位工程名称填写,子单位工程标出该部分的位置。分部(子分部)工程名称,按验收规范划定的分部(子分部)名称填写。验收部位是指一个分项工程中的验收的那个检验批的抽样范围,要标注清楚,如二层①—⑮轴线砖砌体。

施工单位、分包单位,填写施工单位的全称,与合同上公章名称相一致。项目经理填写合同中指定的项目负责人。在装饰、安装分部工程施工中,有分包单位时,也应填写分包单位全称,分包单位的项目经理也应是合同中指定的项目负责人。这些人员由填表人填写不要本人签字,只是标明他是项目负责人。

3)施工执行标准名称及编号

这是验收规范编制的一个基本思路,由于验收规范只列出验收的质量指标,其工艺等只提出一个原则要求,具体的操作工艺就靠企业标准了。只有按照不低于国家质量验收规范的企业标准来操作,才能保证国家验收规范的实施。如果没有具体的操作工艺,保证工程质量就是一句空话,企业必须制订企业标准(操作工艺、工艺标准、工法等),来进行培训工人,技术交底,来规范工人班组的操作。为了能成为企业的标准体系的重要组成部分,企业标准应有编制人、批准人、批准时间、执行时间、标准名称及编号。填写表时要将标准名称及编号填写上,就能在企业的标准系列中查到其详细情况,并要在施工现场有这项标准,工人应执行这项标准。

(3)质量验收规范的规定栏

一般在制表时就已填写好验收规范中主控项目、一般项目的全部内容,但由于表格的地方小,不能将多数指标全部内容填写下,所以,只将质量指标归纳、简化描述或题目及条文号填写上,作为检查内容提示,以便查对验收规范的原文;对计数检验的项目,将数据直接印出来。如将验收规范的主控、一般项目的内容全摘录在表的背面,这样将方便查对验收条文的内容,但根据以往的经验,这样做就会引起只看表格、不看验收规范的后果。规范上还有基本规定、一般规定等内容,它们虽然不是主控项目和一般项目的条文,但这些内容也是验收主控项目和一般项目的依据。所以验收规范的质量指标不宜全抄过来,而且,验收资料应依据现场检查结果和实测数据填写。表格规定栏及背面不全文抄录也规避了编造资料的情况。

(4)主控项目、一般项目施工单位检查评定记录

填写方法分以下几种情况,判定验收不验收均按施工质量验收规定进行判定。

1)对定量项目直接填写检查的数据。

2)对定性项目,当符合规范规定时,采用打"√"的方法标注;当不符合规范规定时,采用打"×"的方法标注。

3)有混凝土、砂浆强度等级的检验批,按规定制取试件后,可填写试件编号,待试件试验报告出来后,对检验批进行判定,并在分项工程验收时进一步进行强度评定及验收。

4)对既有定性又有定量的项目,各子项目质量均符合规范规定时,采用打"√"来标注;否则采用打"×"来标注。无此项内容的打"/"来标注。

5)对一般项目合格点有要求的项目,应是其中带有数据的定量项目;定性项目必须基本达到。定量项目其中每个项目都必须有80%以上(混凝土保护层为90%)检测点的实测数值达到规范规定,其余20%按各专业施工质量验收规范规定,不能大于150%,钢结构为120%。就是说有数据的项目,除必须达到规定的数值外,其余可放宽的,最大放宽到150%。

"施工单位检查评定记录"栏的填写,有数据的项目,将实际测量的数值填入格内,超企业标准的数字,而没有超过国家验收规范的用"○"将其圈住;对超过国家验收规范的用"△"圈住。

(5)监理(建设)单位验收记录

通常监理人员应进行平行、旁站或巡回的方法进行监理,在施工过程中,对施工质量进行察看和测量,并参加施工单位的重要项目的检测。对新开工程或首件产品进行全面检查,以了解质量水平和控制措施的有效性及执行情况,在整个过程中,随时可以测量等。在检验批验收时,对主控项目、一般项目应逐项进行验收。对符合验收规范规定的项目,填写"合格"或"符合要求",对不符合验收规范规定的项目,暂不填写,待处理后再验收,但应做标记。

(6)施工单位检查评定结果

施工单位自行检查评定合格后,应注明"主控项目全部合格,一般项目满足规范规定要求。"

专业工长(施工员)和施工班、组长栏目由本人签字,以示承担责任。专业质量检查员代表企业逐项检查评定合格,将表填写完并写明结果,签字后,交监理工程师或建设单位项目专业技术负责人验收。

(7)监理(建设)单位验收结论

主控项目、一般项目验收合格,混凝土、砂浆试件强度待试验报告出来后判定,其余项目已全部验收合格。注明"同意验收"。专业监理工程师及建设单位的专业技术负责人签字。

9. 分项工程质量验收记录表

分项工程验收由监理工程师组织项目专业技术负责人等进行验收。分项工程是在检验批验收合格的基础上进行,通常起一个归纳整理的作用,是一个统计表,没有实质性验收内容。只要注意三点就可以了,一是检查检验批是否将整个工程覆盖了,有没有漏掉的部位;二是检查有混凝土、砂浆强度要求的检验批,到龄期后能否达到规范规定;三是将检验批的资料统一,依次进行登记整理,方便管理。

表的填写:表名填上所验收分项工程的名称,表头及检验批部位、区段,施工单位检查评定结果,由施工单位项目专业质量检查员填写,由施工单位的项目专业技术负责人检查后给出评价并签字,交监理单位或建设单位验收。

监理单位的专业监理工程师(或建设单位的专业负责人)

应逐项审查,同意项填写"合格或符合要求",不同意项暂不填写,等处理后再验收,但应作标记。注明验收和不验收的意见,如同意验收并签字确认,不同意验收请指出存在问题,明确处理意见和完成时间。

10. 分部(子分部)工程验收记录表

分部(子分部)工程的验收,是质量控制的一个重点。由于单位工程数量的增大,复杂程度的增加,专业施工单位的增多,为了分清责任,及时整修等,分部(子分部)工程的验收就显得较重要,以往一些单位工程验收的内容,移到了分部(子分部)工程。除了分项工程的核查外,还有质量控制资料核查;安全、功能项目的检测;观感质量的验收等。

分部(子分部)工程应由施工单位将自行检查评定合格的表填写好后,由项目经理交监理单位或建设单位验收。由总监理工程师组织施工项目经理及有关勘察(地基与基础部分)、设计(地基与基础及主体结构等)单位项目负责人进行验收,并按表的要求进行记录。

表的填写:

(1)表名及表头部分

1)表名:分部(子分部)工程的名称填写要具体,写在分部(子分部)工程的前边,并分别划掉分部或子分部。

2)表头部分的工程名称填写工程全称,与检验批、分项工程、单位工程验收表的工程名称一致。

结构类型填写按设计文件提供的结构类型。层数应分别注明地下和地上的层数。

施工单位填写单位全称,与检验批、分项工程、单位工程验收表填写的名称一致。

技术部门负责人及质量部门负责人多数情况下填写项目

的技术及质量负责人,只有地基与基础、主体结构及重要安装分部(子分部)工程应填写施工单位的技术部门及质量部门负责人。

分包单位的填写,有分包单位时才填,没有时就不填写,主体结构不应进行分包。分包单位名称要写全称,与合同或图章上的名称一致。分包单位负责人及分包单位技术负责人,填写本项目的项目负责人及项目技术负责人。

(2)验收内容

共有四项内容:

1)分项工程。按分项工程第一个检验批施工先后的顺序,将分项工程名称填写上,在第二栏内分别填写各分项工程实际的检验批数量,即分项工程验收表上的检验批数量,并将各分项工程评定表按顺序附在表后。

施工单位检查评定栏,填写施工单位自行检查评定的结果。核查一下各分项工程是否都通过验收,有关有龄期试件的合格评定是否达到要求;有全高垂直度或总的标高的检验项目的应进行检查验收。自检符合要求的可打"√"标注,否则打"×"标注。有"×"的项目不能交给监理单位或建设单位验收,应进行返修达到合格后再提交验收。监理单位或建设单位由总监理工程师或建设单位项目专业技术负责人组织审查,在符合要求后,在验收意见栏内签注"同意验收"意见。

2)质量控制资料。应按《建筑工程施工质量验收统一标准》(GB50300—2001)表 G.0.1-2"单位(子单位)工程质量控制资料核查记录"中的相关内容来确定所验收的分部(子分部)工程的质量控制资料项目,按资料核查的要求,逐项进行核查。能基本反映工程质量情况,达到保证结构安全和使用功能的要求,即可通过验收。全部项目都通过,即可在施工单位检查评定栏内打"√"标注检查合格。并送监理单位或建设单位验收,监理单位总监理工程师组织审查,在符合要求后,在验收意见栏内签注"同意验收"意见。

有些工程可按子分部工程进行资料验收,有些工程可按分部工程进行资料验收,由于工程不同,不强求统一。

3)安全和功能检验(检测)报告。这个项目是指竣工抽样检测的项目,能在分部(子分部)工程中检测的,尽量放在分部(子分部)工程中检测。检测内容按 GB50300—2001 表 G.0.1-3 "单位(子单位)工程安全和功能检验资料检查及主要功能抽查记录"中相关内容确定核查和抽查项目。在核查时要注意,在开工之前确定的项目是否都进行了检测;逐一检查每个检测报告,核查每个检测项目的检测方法、程序是否符合有关标准规定;检测结果是否达到规范的要求;检测报告的审批程序签字是否完整。在每个报告上标注审查同意。每个检测项目都通过审查,即可在施工单位检查评定栏内打"√"标注检查合格,由项目经理送监理单位或建设单位验收,监理单位总监理工程师或建设单位项目专业负责人组织审查,在符合要求后,在验收意见栏内签注"同意验收"。

4)观感质量验收。实际不单单是外观质量,还有能启动或运转的要启动或试运转,能打开看的打开看,有代表性的房间、部位都应走到,并由施工单位项目经理组织进行现场检查。经检查合格后,将施工单位填写的内容填写好,由项目经理签字后交监理单位或建设单位验收。监理单位由总监理工程师或建设单位项目专业负责人组织验收,在听取参加检查人员意见的基础上,以总监理工程师或建设单位项目专业负责人为主导共同确定质量评价:好、一般、差。由施工单位的项目经理和总监理工程师或建设单位项目专业负责人共同签认。如评价观感质量差的项目,能修理的尽量修理,如果确难修理时,只要不影响结构安全和使用功能的,可采用协商解决的方法进行验收,并在验收表上注明,然后将验收评价结论填写在分部(子分部)工程观感质量验收意见栏格内。

(3)验收单位签字认可

按表列参与工程建设责任单位的有关人员应亲自签名,以示负责,以便追查质量责任。

勘察单位可只签认地基基础分部(子分部)工程,由项目负责人亲自签认;

设计单位可只签地基基础、主体结构及重要安装分部(子分部)工程,由项目负责人亲自签认;

施工单位总承包单位必须签认,由项目经理亲自签认,有分包单位的,分包单位也必须签认其分包的分部(子分部)工程,由分包项目经理亲自签认。

监理单位作为验收方,由总监理工程师亲自签认验收。如果按规定不委托监理单位的工程,可由建设单位项目专业负责人亲自签认验收。

11. 单位(子单位)工程质量竣工验收记录表

单位(子单位)工程质量验收由五部分内容组成,每一项内容都有自己的专门验收记录表,而单位(子单位)工程质量竣工验收记录表(GB50300—2001 表 G.0.1-1)是一个综合性的表,是各项目验收合格后填写的。

单位(子单位)工程由建设单位(项目)负责人组织施工(含分包单位)、设计单位、监理等单位(项目)负责人进行验收。单位(子单位)工程验收表中的表 G.0.1-1 由参加验收单位盖公章,并由负责人签字。表 G.0.1-2、3、4 则由施工单位项目经理和总监理工程师(建设单位项目负责人)签字。

(1)表名及表头的填写

1)将单位工程或子单位工程的名称(项目批准的工程名称)填写在表名的前边,并将子单位或单位工程的名称划掉。

2)表头部分,按分部(子分部)表的表头要求填写。

(2)分部工程逐项检查

首先由施工单位的项目经理组织有关人员逐个分部(子分部)进行检查评定。所含分部(子分部)工程检查合格后,由项目经理提交验收。经验收组成员验收后,由施工单位填写"验收记录"栏。注明共验收几个分部,经验收符合标准及设计要求的几个分部。审查验收的分部工程全部符合要求后,由监理单位在验收结论栏内,写上"同意验收"的结论。

(3)质量控制资料核查

这项内容有专门的验收表格(表 G.0.1-2),也是先由施工单位检查合格,再提交监理单位验收。其全部内容在分部(子分部)工程中已经审查。通常单位(子单位)工程质量控制资料核查,也是按分部(子分部)工程逐项检查和审查,一个分部工程只有一个子分部工程时,子分部工程就是分部工程,多个子分部工程时,可一个一个地检查和审查,也可按分部工程检查和审查。每个子分部、分部工程检查审查后,也不必再整理分部工程的质量控制资料,只将其依次装订起来,前边的封面写上分部工程的名称,并将所含子分部工程的名称依次填写在下边就行了。然后将各子分部工程审查的资料逐项进行统计,填入验收记录栏内。通常共有多少项资料,经审查也都应符合要求。如果出现有核定的项目时,应查明情况,只要是协商验收的内容,填在验收结论栏内,通常严禁验收的事件,不会留在单位工程来处理。这项也是先施工单位自行检查评定合格后,提交验收,由总监理工程师或建设单位项目负责人组织审查符合要求后,在验收记录栏格内填写项数。在验收结论栏内,写上"同意验收"的意见。同时要在 GB50300—2001 表 G.0.1-1 单位(子单位)工程质量竣工验收记录表中的序号 2 栏内的验收结论栏内填"同意验收"。

(4)安全和主要使用功能核查及抽查结果

这项内容有专门的验收表格(GB50300—2001 表 G.0.1-3),包括两个方面的内容:一是在分部(子分部)工程进行了安全和功能检测的项目,要核查其检测报告结论是否符合设计要求,二是在单位工程进行的安全和功能抽测项目,要核查其项目是否与设计内容一致,抽测的程序、方法是否符合有关规定,抽测报告的结论是否达到设计要求及规范规定。这个项目也是由施工单位检查评定合格,再提交验收,由总监理工程师或建设单位项目负责人组织审查,程序内容基本是一致的。按项目逐个进行核查验收,然后统计核查的项数和抽查的项数,填入验收记录栏,并分别统计符合要求的项数,也分别填入验收记录栏相应的空档内。通常两个项数是一致的,如果个别项目的抽测结果达不到设计要求,则可以进行返工处理以达到符合要求。然后由总监理工程师或建设单位项目负责人在验收结论栏内填写"同意验收"的结论。

如果返工处理后仍达不到设计要求,就要按不合格处理程序进行处理。

(5)观感质量验收

观感质量检查的方法同分部(子分部)工程,与单位工程观感质量检查验收不同的是项目比较多,是一个综合性验收。实际是复查一下各分部(子分部)工程验收后单位工程竣工的质量变化、成品保护以及分部(子分部)工程验收时还没有形成的观感质量等。

这个项目也是先由施工单位检查评定合格,提交验收,由总监理工程师或建设单位项目负责人组织审查,程序和内容基本是一致的。按核查的项目数及符合要求的项目数填写在验收记录栏内,如果没有影响结构安全和使用功能的项目,由总监理工程师或建设单位项目负责人为主导,评价好、一般、差。不论评价为好、一般、差的项目,都可作为符合要求的项目,由总监理工程师或建设单位项目负责人在验收结论栏内填写"同意验收"的结论。如果有不符合要求的项目,就要按不合格处理程序进行处理。

(6)综合验收结论

施工单位应在工程完工后,由项目经理组织有关人员对验收内容逐项进行查对,并将表格中应填写的内容进行填写,自检评定符合要求后,在验收记录栏内填写各有关项数,交建设单位组织验收。综合验收是指在前四项验收内容均符合要求后进行的验收,即按 GB50300—2001 表 G.0.1-1"单位(子单位)工程质量竣工验收记录"进行验收。验收时,在建设单位组织下,由建设单位相关专业人员及监理单位专业监理工程师和设计单位、施工单位相关人员分别核查验收有关项目,并由总监理工程师组织进行现场观感质量检查。经各项目审查符合要求后,由监理单位或建设单位在"验收结论"栏内填写"同意验收"。各栏均同意验收且经各参加检验方共同商定后,由建设单位填写"综合验收结论",可填写为"通过验收"。

(7)参加验收单位签名

勘察单位、设计单位、施工单位、监理单位、建设单位都同意验收时,其各单位的单位项目负责人要亲自签字,以示对工程质量的负责,并加盖单位公章,注明签字验收的年、月、日。

12.表格填写范例(表 1-68 ~ 表 1-75)

施工现场质量管理检查记录表　　表 1-68

开工日期：××年××月××日

工程名称	××××××	施工许可证(开工证)		××
建设单位	××××	项目负责人		××
设计单位	××××	项目负责人		××
监理单位	××××	总监理工程师		××
施工单位	××××	项目经理	××	项目技术负责人	××

序号	项目	内容
1	现场质量管理制度	①质量例会制度；②月评比及奖罚制度；③三检及交接检制度；④质量与经济挂勾制度
2	质量责任制	①岗位责任制；②设计交底会制度；③技术交底制；④挂牌制度
3	主要专业工种操作上岗证书	测量工、钢筋工、起重工、电焊工、架子工有证
4	分包方资质与对分包单位的管理制度	
5	施工图审查情况	审查报告及审查批准书(京设02006)
6	地质勘察资料	地质报告书
7	施工组织设计、施工方案及审批	施工组织设计、编制、审核、批准齐全
8	施工技术标准	有模板、钢筋、混凝土灌注等20多种
9	工程质量检验制度	①原材料及施工检验制度；②抽测项目的检测计划
10	搅拌站及计量设置	有管理制度和计量设施精确度及控制措施
11	现场材料、设备存放与管理	钢材、砂、石、水泥及玻璃、地面砖的管理办法

检查结论：

现场质量管理制度基本完整。

　　　　　　总监理工程师　××
　　　　　　(建设单位项目负责人)　　××年××月××日

砖砌体(混水)工程检验批质量验收记录表

GB50203—2002

表 1-69

020301 0 1

单位(子单位)工程名称		×××××××		
分部(子分部)工程名称		主体分部	验收部位	一层墙
施工单位		×××××××	项目经理	××
施工执行标准名称及编号		QJ68.006—2002砌砖工艺标准		

		质量验收规范的规定		施工单位检查评定记录	监理(建设)单位验收记录
主控项目	1	砖强度等级	MU10	2份试验报告 MU10	符合要求
	2	砂浆强度等级	M10	试块编号 6月10日04-06	
	3	水平灰缝砂浆饱满度	≥80%	90、96、97、90、95、96	
	4	斜槎留置	第5.2.3条	/	
	5	直槎拉结筋及接槎处理	第5.2.4条	√	
	6	轴线位移	≤10mm	20处平均4mm,最大7mm	
	7	垂直度(每层)	≤5mm	3处平均3.8mm,最大5mm	
一般项目	1	组砌方法	第5.3.1条	√	符合要求
	2	水平灰缝厚度 10mm	8～12mm	√	
	3	基础顶面、楼面标高	±15mm	6 5 7 3 7 9	
	4	表面平整度(混水)	8mm	4 6 3 3	
	5	门窗洞口高宽度	±5mm	2 2 ⑤ 4 2 1 2 ⑤ 4	
	6	外墙上下窗口偏移	20mm	11 8 6 10	
	7	水平灰缝平直度(混水)	10mm	5 ⚠12 8 7 6	

	专业工长(施工员)	××	施工班组长	××
施工单位检查评定结果	主控项目全部合格,一般项目满足规范规定要求 项目专业质量检查员:×× ××年××月××日			
监理(建设)单位验收结论	同意验收 专业监理工程师:×× (建设单位项目专业技术负责人):××年××月××日			

成套配电柜、控制柜(屏、台)和动力、照明配电箱(盘)安装检验批质量验收记录

GB50303—2002

(Ⅱ)低压成套柜(屏、台)　　表1-70

060401 0 1

工程名称	××××××		
分部(子分部)工程名称	电气动力安装工程	验收部位	冷冻及水泵房
施工单位	××××××	项目经理	××
施工执行标准名称及编号	成套配电柜、屏、盘、台安装企业标准 QJ/KY—05.2.28—01		
分包单位	/	分包项目经理	
建筑电气工程施工质量验收规范(GB50303—2002)		施工单位检查评定记录	监理(建设)单位验收记录
主控项目	1. 金属框架的接地或接零	第6.1.1条　　√	合格
	2. 电击保护和保护导体的截面积	第6.1.2条　　√	
	3. 抽出式柜的推拉和动、静触头检查	第6.1.3条　　／	
	4. 成套配电柜的交接试验	第6.1.5条　　√	
	5. 柜(屏、盘、台等)间线路绝缘电阻值测试	第6.1.6条　　√	
	6. 柜(屏、盘、台等)间二次回路耐压试验	第6.1.7条　　√	
	7. 直流屏试验	第6.1.8条　　√	
一般项目	1. 柜(屏、盘、台等)间或与地基型钢的连接	第6.2.1条　　√	
	2. 柜(屏、盘、台等)间安装接缝、成列安装盘面偏差检查	第6.2.2条　　√	
	3. 柜(屏、盘、台等)内部检查试验	第6.2.3条　　√	

151

续表

工程名称	××××××		
分部(子分部)工程名称	电气动力安装工程	验收部位	冷冻及水泵房
施工单位	××××××	项目经理	××
施工执行标准名称及编号	成套配电柜、屏、盘、台安装企业标准 QJ/KY—05.2.28—01		
分包单位	/	分包项目经理	

建筑电气工程施工质量验收规范(GB50303—2002)			施工单位检查评定记录								监理(建设)单位验收记录
一般项目	4. 低压电器组合		第6.2.4条	√							
	5. 柜(屏、盘、台等)间配线		第6.2.5条	√							
	6. 柜(台)与其面板间可动部位的配线		第6.2.6	√							
	7. 基础型钢安装允许偏差	不直度(mm/m)	1	0	0.5	0.5	0				
		水平度(mm/全长)	5	2	1	1	3				
	8. 基础型钢安装允许偏差(mm/全长)		5	2	3	1	2				
	9. 垂直度允许偏差(mm)		1.5‰	2	1	1	2	1	1	2	1

施工单位检查结果评定	专业工长(施工员)	××	施工班组长	××
	检查评定合格 项目专业质量检查员:××			××年××月××日

监理(建设)单位验收结论	同意验收 监理工程师 (建设单位项目专业技术负责人):×× ××年××月××日

砖砌体分项工程质量验收记录表　　　表1-71

工程名称	××	结构类型	××	检验批数	××
施工单位	×××	项目经理	×××	项目技术负责人	××
分包单位	/	分包单位负责人	/	分包项目经理	/

序号	检验批部位、区段	施工单位检查评定结果	监理(建设)单位验收结论
1	一层墙①—⑮轴线	√	
2	二层墙①—⑮轴线	√	
3	三层墙①—⑮轴线	√	合格
4	四层墙①—⑮轴线	√	
5	五层墙①—⑮轴线	√	
6	六层墙①—⑮轴线	√	
7			

说明：
1. 全高垂直度：检查4点分别为7mm、9mm、14mm、7mm。平均为9.2mm，最大值为14mm。
2. 砂浆试块抗压MPa强度依次为11.8MPa、11.9MPa、12.1MPa、9.6MPa、10.2MPa、10.8MPa，平均11.1MPa≥10MPa，最小9.6MPa≥7.5MPa。

检查结论	合格 项目专业技术负责人：×× ××年××月××日	验收结论	同意验收 监理工程师：×× （建设单位项目专业技术负责人） ××年××月××日

填表说明：
1. 将分项工程名称填写具体，并与检验批表的名称一致；
2. 检验批逐项填写，并注明部位、区段，以便检查是否存在没有检查到的部位；
3. 由项目专业技术负责人和该专业的监理工程师签字。

成套配电柜、控制柜(屏、台)和动力、照明配电箱(盘)安装分项工程质量验收记录表

GB50303—2002

表1-72

060401

工程名称	××	结构类型	××	检验批数	××
施工单位	××	项目经理	××	项目技术负责人	××
分包单位	/	分包单位负责人	/	分包技术负责人	/

序号	检验批部位、区段	施工单位检查评定结果	监理(建设)单位验收结论
1	冷冻及水泵房	合格	合格
2	消防泵房	合格	合格

验收单位	合格 项目专业 技术负责人:×× 　　××年××月××日	验收结论	同意验收 监理工程师 (建设单位项目专业技术负责人):×× 　　××年××月××日

主体分部(子分部)工程质量验收记录表(填写范例)

表 1-73

0204☐☐

<table>
<tr><td colspan="2">工程名称</td><td>××××××</td><td colspan="2">结构类型</td><td>××</td><td>层 数</td><td>××</td></tr>
<tr><td colspan="2">施工单位</td><td>××</td><td colspan="2">技术部门负责人</td><td>××</td><td>质量部门负责人</td><td>××</td></tr>
<tr><td colspan="2">分包单位</td><td>/</td><td colspan="2">分包单位负责人</td><td>/</td><td>分包技术负责人</td><td></td></tr>
<tr><td colspan="2">序号</td><td>分项工程名称</td><td>检验批数</td><td colspan="2">施工单位检查评定</td><td colspan="2">验收意见</td></tr>
<tr><td rowspan="7">1
分项工程</td><td>1</td><td>砖砌体分项工程</td><td>6</td><td colspan="2">√</td><td colspan="2" rowspan="7">同意验收</td></tr>
<tr><td>2</td><td>模板分项工程</td><td>6</td><td colspan="2">√</td></tr>
<tr><td>3</td><td>钢筋分项工程</td><td>6</td><td colspan="2">√</td></tr>
<tr><td>4</td><td>混凝土分项工程</td><td>6</td><td colspan="2">√</td></tr>
<tr><td>5</td><td></td><td></td><td colspan="2"></td></tr>
<tr><td>6</td><td></td><td></td><td colspan="2"></td></tr>
<tr><td>7</td><td></td><td></td><td colspan="2"></td></tr>
<tr><td colspan="2">2</td><td colspan="3">质量控制资料(按 G.0.1-2 表内容检查,全符合要求)</td><td>√</td><td colspan="2">同意验收</td></tr>
<tr><td colspan="2">3</td><td colspan="3">安全和功能检验(检测)报告(按 G.0.1-3 表内容检查,全符合要求)</td><td>√</td><td colspan="2">同意验收</td></tr>
<tr><td colspan="2">4</td><td colspan="3">观感质量验收(按 G.0.1-4 表内容检查,综合进行评价)</td><td>好</td><td colspan="2">同意验收</td></tr>
<tr><td rowspan="5">验收单位</td><td colspan="2">分包单位</td><td colspan="3">项目经理:</td><td colspan="2"></td></tr>
<tr><td colspan="2">施工单位</td><td colspan="3">项目经理:××</td><td colspan="2">××年××月××日</td></tr>
<tr><td colspan="2">勘察单位</td><td colspan="3">项目负责人:××</td><td colspan="2">××年××月××日</td></tr>
<tr><td colspan="2">设计单位</td><td colspan="3">项目负责人:××</td><td colspan="2">××年××月××日</td></tr>
<tr><td colspan="2">监理(建设)单位</td><td colspan="3">总监理工程师:××
(建设单位项目专业负责人)</td><td colspan="2">××年××月××日</td></tr>
</table>

填写说明:

1. 分部(子分部)工程的名称填写要具体,并注明是分部还是子分部;
2. 分项工程填写应为全部分项工程,并写明检验批的数量;
3. 资料审查要按子分部工程分别检查,要按层次进行,并判断其能否达到完整的要求;判定达到3、4项要求后施工单位填写"合格",监理单位填写"同意验收",并附资料;
4. 安全和功能抽查,每项检测有单项报告,其结果能达到设计要求;
5. 观感质量验收按单位工程的程序和要求进行,并附评价表;
6. 各单位的项目经理、项目负责人及总监理工程师签字确认。

电气动力安装工程(子分部)工程验收记录　表1-74

0604 01

工程名称	××	结构类型	××	层　数	××
施工单位	××	技术部门负责人	××	质量部门负责人	××
分包单位	/	分包单位负责人	/	分包技术负责人	/

序号	子分部(分项)工程名称	检验批数	施工单位检查评定	验收意见
1	成套配电柜、控制柜(屏、台)和动力、照明配电箱(盘)安装	2	√	同意验收
2	低压电动机、电加热器及电动执行机构检查接线	2	√	
3	低压电气动力设备试验和试运行	2	√	
4	电缆桥架安装和桥架内电缆敷设	1	√	
5	电线导管、电缆导管和线槽敷设	4	√	
6	电线、电缆穿管和线槽敷线	4	√	
7	电缆头制作、接线和线路绝缘测试	3	√	
8	开关、插座、风扇安装	3	√	
质量控制资料		12份	√	同意验收
安全和功能检验(检测)报告		8份	√	同意验收
观感质量验收		好		同意验收

验收单位	分包单位	项目经理：　　年　月　日
	施工单位	项目经理：　　××年××月××日
	勘察单位	项目负责人：　××年××月××日
	设计单位	项目负责人：　××年××月××日
	监理(建设)单位	总监理工程师： (建设单位项目专业负责人)：××年××月××日

单位工程质量竣工验收记录表　　表1-75

工程名称	××	结构类型	××	层数/建筑面积	××
施工单位	××	技术负责人	××	开工日期	××
项目经理	××	项目技术负责人	××	竣工日期	××

序号	项目	验收记录	验收结论
1	分部工程	共7分部,经查符合标准及设计要求7分部	同意验收
2	质量控制资料核查	共30项,经审查符合要求30项,经核定符合规范要求0项	同意验收
3	安全和主要使用功能核查及抽查结果	共核查7项,符合要求7项,共抽查1项,符合要求1项,经返工处理符合要求0项	同意验收
4	观感质量验收	共抽查8项,符合要求8项,不符合要求0项	好
5	综合验收结论	同意验收	

参加验收单位	建设单位	监理单位	施工单位	设计单位
	(公章)	(公章)	(公章)	(公章)
	单位(项目)负责人 ××年××月××日	总监理工程师 ××年××月××日	单位负责人 ××年××月××日	单位(项目)负责人 ××年××月××日

填表说明:
1. 单位(子单位)工程的名称要填写全称,即批准项目的名称,并注明是单位工程或子单位工程;
2. 安全和主要使用功能核查及抽查结果栏,包括两个方面,一个是在分部、子分部工程抽查过的工程项目检查检测报告的结论;另一方面是单位工程抽查的项目要检查其全部的检查方法、程序和结论;
3. 综合验收结论,填写"通过"或"同意验收"。不同意验收就不一定形成表格,待返修完善后,再形成表格;
4. 验收单位签字人表上要求人员签名,对勘察单位在地基分部中签字;
5. 表 G.0.1-1 验收记录由施工单位填写,验收结论由监理(建设)单位填写。综合验收结论由参加验收各方共同商定,建设单位填写,应对工程质量是否符合设计和规范要求及总体质量水平做出评价。

1.1.9.2 子分部与分项工程相互关系及验收资料汇总

1. 地基基础工程

(1)地基基础工程各子分部工程与分项工程表(表1-76)

表1-76

分项工程		子分部工程	01 无支护土方	02 有支护土方	03 地基及基础处理	04 桩基	05 地下防水	06 混凝土基础	07 砌体基础	08 劲钢(管)混凝土	09 钢结构	10
序号	名称											
1	土方开挖	010101	●									
2	土方回填	010102	●									
3	排桩墙支护(Ⅰ)(Ⅱ)	010201		●								
4	降水与排水	010202		●								
5	地下连续墙	010203		●								
6	锚杆及土钉墙支护	010204		●								
7	加筋水泥土桩墙支护	010205		●								
8	沉井与沉箱	010206		●								
9	钢或混凝土支撑	010207		●								
10	灰土地基	010301			●							
11	砂和砂石地基	010302			●							
12	土工合成材料地基	010303			●							
13	粉煤灰地基	010304			●							
14	强夯地基	010305			●							
15	振冲地基	010306			●							
16	砂桩地基	010307			●							
17	预压地基	010308			●							
18	高压喷射注浆地基	010309			●							

续表

分项工程 \ 子分部工程		01 无支护土方	02 有支护土方	03 地基及基础处理	04 桩基	05 地下防水	06 混凝土基础	07 砌体基础	08 劲钢（管）混凝土	09 钢结构	10
序号	名称										
19	土和灰土挤密桩复合地基 010310			●							
20	注浆地基 010311			●							
21	水泥粉煤灰碎石桩复合地基 010312			●							
22	夯实水泥土桩复合地基 010313			●							
23	水泥土搅拌桩工程 010314			●							
24	静力压桩工程 010401				●						
25	预应力管桩工程 010402				●						
26	混凝土预制桩(钢筋骨架)工程(Ⅰ)(Ⅱ) 010403				●						
27	钢桩工程(Ⅰ)(Ⅱ) 010404				●						
28	混凝土灌注桩工程(Ⅰ)(Ⅱ) 010405				●						
29	防水混凝土 010501					●					
30	水泥砂浆防水层 010502					●					
31	卷材防水层 010503					●					
32	涂料防水层 010504					●					
33	金属板防水层 010505					●					
34	塑料板防水层 010506					●					
35	细部构造 010507					●					
36	锚喷支护 010508					●					
37	复合式砌筑 010509					●					
38	地下连续墙 010510					●					

续表

分项工程		子分部工程	01 无支护土方	02 有支护土方	03 地基及基础处理	04 桩基	05 地下防水	06 混凝土基础	07 砌体基础	08 劲钢(管)混凝土	09 钢结构	10
序号	名称											
39	盾构法隧道	010511					●					
40	渗排水、盲沟排水	010512					●					
41	隧道、坑道排水	010513					●					
42	预注浆、后注浆	010514					●					
43	衬砌裂缝注浆	010515					●					
44												
45												
46												
47												
48												
49												
50												
51												
52												
53												
54												
55												
56												
57												
58												
59												
60												

注:有●号者为该子分部工程所含的分项工程

(2)地基基础工程验收资料

1)地基基础工程

①施工图纸和设计变更记录;

②原材料半成品质量合格证和进场检验记录;

③砂浆、混凝土配合比通知;

④砂浆、混凝土强度试验报告;

⑤隐蔽工程验收记录;

⑥桩的检测记录;

⑦各种检测试验钎探记录;

⑧见证取样试验记录;

⑨施工记录;

⑩其他必须提供的文件或记录。

2)地下防水工程

①施工图及设计变更记录;

②材料出厂合格证和进场复验报告;

③材料代用核定记录;

④施工方案(施工方法、技术措施、质量保证措施);

⑤中间检查记录;

⑥隐蔽工程验收记录;

⑦砂浆、混凝土配合比通知;

⑧砂浆、混凝土强度试验记录;

⑨抗渗试验报告;

⑩施工记录;

⑪各检验批质量验收记录;

⑫其他必要的文件和记录。

2. 主体结构工程

(1)主体结构各子分部工程与分项工程表(表1-77)

表 1-77

分项工程 \ 子分部工程	01 混凝土结构	02 劲钢（管）混凝土结构	03 砌体结构	04 钢结构	05 木结构	06 网架和索膜
序号　　名　　称						
1　模板(安装、预制构件、拆除)(Ⅰ)(Ⅱ)(Ⅲ)　010101,020101	●					
2　钢筋(加工、连接)(Ⅰ)(Ⅱ)　010102,020102	●					
3　混凝土(原材料、配合比施工)(Ⅰ)(Ⅱ)　010103,020103	●					
4　预应力(原材料、制安、放张封锚)(Ⅰ)(Ⅱ)(Ⅲ)　020104	●					
5　现浇结构(结构、基础)(Ⅰ)(Ⅱ)　010104,020105	●					
6　装配式结构(预制构件、装配)(Ⅰ)(Ⅱ)　020106	●					
7　砖砌体　010301,020301			●			
8　混凝土小型空心砌块砌体　010302,020302			●			
9　石砌体　010304,020303			●			
10　填充墙砌体　020304			●			
11　配筋砖砌体　010303,020305			●			
12　钢结构焊接(Ⅰ)(Ⅱ)　010401,020401				●		
13　坚固件连接　010902,020402				●		
14　钢零部件加工　010903,020403				●		
15　单层钢构件安装　020404				●		
16　多层钢构件安装　020405				●		

续表

分项工程 \ 子分部工程			01 混凝土结构	02 劲钢（管）混凝土结构	03 砌体结构	04 钢结构	05 木结构	06 网架和索膜
序号	名称							
17	钢构件组装	020406				●		
18	钢构件预拼接	020407				●		
19	钢网架安装	020408				●		
20	压型金属板安装	020409				●		
21	防腐涂料涂装	010405,020410				●		
22	防火涂料涂装	010406,020411				●		
23	木屋盖工程(方木和原木)	020501					●	
24	胶合木结构	020502					●	
25	轻型木结构(规格材、钉连接)	020503					●	
26	木结构防腐、防虫、防火	020504					●	
27								
28								

(2)主体结构验收资料

1)混凝土子分部工程验收资料

①设计变更文件；

②原材料出厂合格证和进场复验报告；

③钢筋接头的试验报告；

④混凝土工程施工记录；

⑤混凝土试件的性能试验报告；

⑥装配式结构预构件的合格证和安装验收记录；

⑦预应力筋用锚具、连接器的合格证和进场复验报告;
⑧预应力筋安装、张拉及灌注记录;
⑨隐蔽工程验收记录;
⑩各检验批验收记录;
⑪混凝土结构实体检验记录;
⑫工程的重大质量问题的处理方案和验收记录;
⑬其他必要的文件和记录。

2)砌体子分部工程验收资料
①施工执行的技术标准、施工组织设计、施工方案;
②砌块及原材料的合格证书、产品性能检测报告;
③混凝土及砂浆配合比通知单;
④混凝土及砂浆试件抗压强度试验报告;
⑤施工质量控制资料;
⑥各检验批验收记录表;
⑦施工记录;
⑧重大技术问题处理或修改设计的技术文件;
⑨其他资料。

3)钢结构工程分项检验批质量验收所需要的资料
①原材料、产品质量合格证明文件、中文标志及检验报告(厂家提供);
②原材料、产品进场检验规格、尺寸、表面外观质量检查记录;复试报告(根据规范要求);
③焊接材料产品说明书、焊接工艺文件及烘焙记录;
④焊工合格证书及施焊范围;
⑤焊缝超声波探伤或射线探伤检测报告、记录;
⑥连接节点检查记录;
⑦各检验批验收记录表;

⑧钢结构工程施工方案；
⑨钢结构工程分项工程技术交底；
⑩钢结构工程竣工图纸及相关设计文件；
⑪施工现场质量管理检查记录；
⑫有关安全及功能的检验和见证检测项目检查记录；
⑬有关观感质量检验项目检查记录；
⑭隐蔽工程验收记录；
⑮不合格项的处理及重大质量、技术问题实施方案及验收记录；
⑯其他有关文件和记录。

4)木结构子分部工程验收资料目录：
①方木、原木、胶合木合格证明文件及检验报告；
②方木、原木、胶合木进场材质检验记录；
③各项木材含水率测定报告；
④胶缝完整性、胶缝脱胶试验报告；
⑤胶缝抗剪强度试验报告；
⑥层板接长指接弯曲强度试验报告；
⑦圆钉弯曲试验报告；
⑧胶合材弯曲试验报告；
⑨防护剂最低保持量及透入度测试报告；
⑩木结构防火措施检查记录；
⑪各检验批验收记录表；
⑫木结构施工方案；
⑬分项技术交底；
⑭其他有关文件和记录。

3．装饰装修工程
(1)装饰装修工程各子分部工程与分项工程表(表1-78)

表 1-78

分项工程 \ 子分部工程			01 建筑地面	02 抹灰	03 门窗	04 吊顶	05 轻质隔墙	06 饰面板(砖)	07 幕墙	08 涂饰	09 裱糊与软包	10 细部
序号	名称											
1	基层(基土垫层)工程(Ⅰ)	030101	●									
2	基层(灰土垫层)工程(Ⅱ)	030101	●									
3	基层(砂层和砂石垫层)(Ⅲ)	030101	●									
4	基层(碎石垫层和碎砖垫层)(Ⅳ)	030101	●									
5	基层(三合土垫层)(Ⅴ)	030101	●									
6	基层(炉渣垫层)(Ⅵ)	030101	●									
7	基层(水泥混凝土垫层)(Ⅶ)	030101	●									
8	基层(找平层)工程(Ⅷ)	030101	●									
9	基层(隔离层)工程(Ⅸ)	030101	●									
10	基层(填充层)(Ⅹ)	030101	●									
11	水泥混凝土面层工程	030102	●									
12	水磨石面层工程	030103	●									
13	水泥钢屑面层工程	030104	●									
14	防油渗面层工程	030105	●									
15	不发火(防爆)面层工程	030106	●									
16	砖面层工程	030107	●									
17	大理石和花岗石面层工程	030108	●									
18	预制板面层工程	030109	●									
19	料石面层工程	030110	●									
20	塑料板面层工程	030111	●									

续表

序号	分项工程 名称	子分部工程	01 建筑地面	02 抹灰	03 门窗	04 吊顶	05 轻质隔墙	06 饰面板（砖）	07 幕墙	08 涂饰	09 裱糊与软包	10 细部
21	活动地板面层工程	030112	●									
22	地毯面层工程	030113	●									
23	实木地板面层工程	030114	●									
24	实木复合地板面层工程	030115	●									
25	中密度（强化）复合地板面层工程 030116		●									
26	竹地板面层工程	030117	●									
27	水泥砂浆面层工程	030118	●									
28	一般抹灰工程	030201		●								
29	装饰抹灰工程	030202		●								
30	清水墙砌体勾缝工程	030203		●								
31	木门窗制作与安装工程	030301			●							
32	金属门窗(钢、铝合金、涂色镀锌板门窗) 030302				●							
33	塑料门窗	030303			●							
34	特种门窗	030304			●							
35	门窗玻璃安装	030305			●							
36	暗龙骨吊顶	030401				●						
37	明龙骨吊顶	030402				●						
38	板材隔墙	030501					●					
39	骨架隔墙	030502					●					

续表

分项工程 \ 子分部工程		01 建筑地面	02 抹灰	03 门窗	04 吊顶	05 轻质隔墙	06 饰面板（砖）	07 幕墙	08 涂饰	09 裱糊与软包	10 细部
序号	名称										
40	活动隔墙 030503					●					
41	玻璃隔墙 030504					●					
42	饰面板安装 030601						●				
43	饰面砖粘贴 030602						●				
44	玻璃幕墙 030701							●			
45	金属幕墙 030702							●			
46	石材幕墙 030703							●			
47	水性涂料涂饰 030801								●		
48	溶剂型涂料涂饰 030802								●		
49	美术涂料涂饰 030803								●		
50	裱糊 030901									●	
51	软包 030902									●	
52	橱柜制作与安装 031001										●
53	窗帘盒、窗台板和散热器罩制作与安装 031002										●
54	门窗套制作与安装 031003										●
55	护栏和扶手制作与安装 031004										●
56	花饰制作与安装 031005										●
57											
58											
59											
60											
61											

(2)建筑装饰装修工程验收资料目录

1)建筑地面子分部工程:

①图纸及设计变更文件;

②原材料出厂合格证和进场检(试)验报告;

③砂浆、混凝土配合比试验报告;

④各层强度等级及密度试验报告;

⑤各类建筑地面施工质量控制文件;

⑥楼梯、踏步项目检查记录;

⑦各构造层隐蔽验收记录;

⑧各检验批验收记录;

⑨其他必要的文件和记录。

2)装饰装修工程

①施工图及设计变更记录;

②材料、半成品、五金配件、构件和组件合格证、性能检测报告、进场复验报告;

③隐蔽工程验收记录;

④施工记录;

⑤各检验批质量验收记录;

⑥特种门及其附件的生产许可文件;

⑦后置埋件的现场拉拔检测报告;

⑧外墙饰面砖墙板件的粘结强度检测报告;

⑨建筑设计单位对幕墙工程设计的确认文件;

⑩幕墙工程所用硅酮结构胶的认定证书和抽查合格证明;进口硅酮结构胶的商检证;硅酮结构胶相容性和剥离粘结性试验报告;石材用密封胶的耐污染性试验报告;

⑪幕墙的抗风压性能、空气渗透性能、雨水渗漏性能及平面变形性能检测报告;

⑫打胶、养护环境的温度、湿度记录;双组分硅酮结构胶的混匀性试验记录及拉断试验记录;

⑬幕墙防雷装置测试记录;

⑭饰面材料的墙板及确认文件;

⑮其他必要的文件和记录。

4．屋面工程

(1)屋面工程各子分部工程与分项工程表(表1-79)

表 1-79

分项工程	子分部工程		01 卷材防水屋面	02 涂膜防水屋面	03 刚性防水屋面	04 瓦屋面	05 隔热屋面	06	07	08	09	10
序号	名　　称											
1	保温层	040101,040201	●	●								
2	找平层	040102,040202	●	●								
3	卷材防水层	040103	●									
4	涂膜防水层	040203		●								
5	细石混凝土防水层	040301			●							
6	密封材料嵌缝	040302			●							
7	平瓦屋面	040401				●						
8	油毡瓦屋面	040402				●						
9	金属板材屋面	040403				●						
10	细部构造 040104、040204、040304、040404		●	●	●	●						
11	架空屋面	040501					●					
12	蓄水屋面	040502					●					

续表

分项工程 \ 子分部工程		01 卷材防水屋面	02 涂膜防水屋面	03 刚性防水屋面	04 瓦屋面	05 隔热屋面	06	07	08	09	10
序号	名称										
13	种植屋面 040503					●					
14											
15											
16											
17											
18											
19											
20											
21											
22											
23											
24											
25											
26											
27											
28											
29											
30											

(2)屋面工程验收资料

1)施工图纸及设计变更文件；

2)原材料出厂合格证、质量检验报告和进场复验报告；

3)施工方案及技术交底记录；

4)隐蔽工程验收记录;

5)施工检验记录;

6)淋水或蓄水检验记录;

7)各检验批验收记录;

8)其他必要的文件和记录。

5．建筑给水、排水与采暖工程

(1)建筑给水、排水与采暖各子分部工程与分项工程表(表1-80)

表1-80

分项工程 \ 子分部工程	01 室内给水系统	02 室内排水系统	03 室内热水供应系统	04 卫生器具安装	05 室内采暖管网	06 室外给水管网	07 室外排水管网	08 室外供热管网	09 建筑中水系统及游泳池水系统	10 供热锅炉安装及辅助设备安装
序号 **名　称**										
1 室内给水管道及配件安装 050101	●									
2 室内消火栓安装　050102	●									
3 给水设备安装　050103	●									
4 室内排水管道及配件安装 050201		●								
5 雨水管道及配件安装　050202		●								
6 室内热水管道及配件安装 020301			●							
7 热水供应系统辅助设备安装 050302			●							
8 卫生器具及给水配件安装 050401				●						
9 卫生器具排水管道安装 050402				●						
10 室内采暖管道及配件安装 050501					●					

续表

分项工程 \ 子分部工程	01 室内给水系统	02 室内排水系统	03 室内热水供应系统	04 卫生器具安装	05 室内采暖管网	06 室外给水管网	07 室外排水管网	08 室外供热管网	09 建筑中水系统及游泳池系统	10 供热锅炉安装及辅助设备
序号 名称										
11 室内采暖辅助设备及散热器、金属辐射板安装 050502,050503					●					
12 低温热水地板辐射采暖系统安装 050504					●					
13 室外给水管道安装 050601						●				
14 室外消防水泵结合器、消火栓安装 050602						●				
15 管沟及井室 050603						●				
16 室外排水管道安装 050701							●			
17 室外排水管沟及井池 050702							●			
18 室外供热管网安装 050801								●		
19 建筑中水系统及游泳池系统安装 050901,050902									●	
20 锅炉安装 051001										●
21 锅炉辅助设备安装（Ⅰ）051002										●
22 锅炉辅助设备工艺管道安装（Ⅱ）051002										●
23 锅炉安全附件安装 051003										●
24 换热站安装 051004										●
25										
26										
27										
28										
29										

(2)建筑给水、排水与采暖质量验收资料

1)施工图及设计变更记录;

2)主要材料、成品、半成品、配件、器具和设备出厂合格证及进场检(试)验报告;

3)隐蔽工程检查验收记录;

4)中间试验记录;

5)设备试运转记录;

6)安全、卫生和使用功能检验和检测记录;

7)各检验批质量验收记录;

8)其他必须提供的文件或记录。

6．电气安装工程

(1)建筑电气工程各子分部工程与分项工程表(表1-81)

表1-81

分项工程		子分部工程	01 室外电气安装工程	02 变配电室安装工程	03 供电干线安装工程	04 电气动力安装工程	05 电气照明安装工程	06 备用和不间断电源安装工程	07 防雷及接地安装工程
序号	名 称								
1	架空线路及杆上电气设备安装 060101		●						
2	变压器、箱式变电所安装 060102,060201		●	●					
3	成套配电柜、控制柜(屏、台)和动力、照明配电箱(盘)安装(Ⅰ) 060103,060202,060601(Ⅱ) 060401,(Ⅲ)060501		●	●		●	●	●	
4	低压电动机、电加热器及电动执行机构检查接线 060402					●			

续表

分项工程 \ 子分部工程		01 室外电气安装工程	02 变配电室安装工程	03 供电干线安装工程	04 电气动力安装工程	05 电气照明安装工程	06 备用和不间断电源安装工程	07 防雷及接地装置安装工程
序号	名称							
5	柴油发电机组安装　060602						●	
6	不间断电源安装　060603						●	
7	低压电气动力设备试验和试运行　060403				●			
8	裸母线、封闭母线、插接式母线安装　060203,060301,060604		●	●			●	
9	电缆桥架安装和桥架内电缆敷设　060302,060404			●	●			
10	电缆沟内和电缆竖井内电缆敷设　060204,060303		●	●				
11	电线导管、电缆穿管和线槽敷设（Ⅰ）060304,060405,060502,060605,（Ⅱ）060104	●		●	●	●	●	
12	电线、电缆穿管和线槽敷设　060105,060305,060406,060503,060606	●		●	●	●	●	
13	槽板配线　060504					●		
14	钢索配线　060505					●		
15	电缆头制作、接线和线路绝缘测试　060106,060205,060306,060407,060506,060607	●	●	●	●	●	●	
16	普通灯具安装　060507					●		
17	专用灯具安装　060508					●		
18	建筑物景观照明灯、航空障碍标志灯和庭院灯安装　060107,060509	●				●		

续表

分项工程		01 室外电气安装工程	02 变配电室安装工程	03 供电干线安装工程	04 电气动力安装工程	05 电气照明安装工程	06 备用和不间断电源安装工程	07 防雷及接地装置安装工程
序号	名 称							
19	开关、插座、风扇安装 060408,060510				●	●		
20	建筑照明通电试运行 060108,060511	●				●		
21	接地装置安装 060109,060206,060608,060701	●	●				●	●
22	避雷引下线和变配电室接地干线敷设 (Ⅰ)060702,(Ⅱ)060207		●					●
23	接闪器安装 060703							●
24	建筑物等电位联结 060704							●

(2)建筑电气工程验收资料

1)施工图及设计变更记录;

2)主要设备、器具、材料合格证及进场复验报告;

3)隐蔽工程验收记录;

4)电气设备交接试验记录;

5)接地电阻、绝缘电阻测试记录;

6)空载试运行和负荷试运行记录;

7)调试记录;

8)建筑照明通电试运行记录;

9)各检验批验收记录;

10)其他必要的文件和记录。

7. 通风与空调工程

(1) 通风与空调分部工程各子分部工程与分项工程表(表1-82)

表1-82

分项工程		01 送排风系统	02 防排烟系统	03 除尘系统	04 空调系统	05 净化空调系统	06 制冷设备系统	07 空调水系系	08	09
序号	名称									
1	风管与配件制作 080101, 080201, 080301, 080401, 080501	●	●	●	●	●				
2	风管部件与消声器制作 080102, 080402, 080502	●			●	●				
3	风管系统安装 080103, 080202, 080302, 080403, 080503	●	●	●	●	●				
4	通风机安装 080104, 080203, 080303, 080404, 080504	●	●	●	●	●				
5	通风与空调设备安装 080304, 080405, 080505			●	●	●				
6	空调制冷系统安装 080601						●			
7	空调水系统安装 080701							●		
8	系统调试 080105, 080204, 080305, 080406, 080506, 080602, 080702	●	●	●	●	●	●	●		
9										
10										
11										
12										

注:有●号者为该子分部工程所含的分项工程

(2)通风与空调工程质量验收资料目录

1)图纸及设计变更记录;

2)主要材料、设备、成品、半成品和仪表的出厂合格证明及进场检(试)验报告;

3)隐蔽工程检查验收记录;

4)工程设备、风管系统、管道系统安装及验收记录;

5)管道试验记录;

6)设备单机试运转记录;

7)系统无负荷联合试运转与调试记录;

8)各检验批质量验收记录;

9)其他必须提供的文件或记录。

8. 电梯安装工程

(1)电梯安装分部工程各子分部工程与分项工程表(表1-83)

表1-83

分项工程		子分部工程	01 电力驱动的曳引式或强制式电梯安装子分部	02 液压电梯安装子分部	03 自动扶梯、自动人行道安装(子分部)
序号	名称				
1	设备进场验收	090101,090201	●	●	
2	土建交接检验	090102,090202	●	●	
3	驱动主机安装	090103	●		
4	导轨安装	090104,090203	●	●	
5	门系统安装	090105,090204	●	●	
6	轿厢、对重安装	090106,090205	●	●	
7	安全部件安装	090107,090206	●	●	

续表

子分部工程 分项工程		01 电力驱动的曳引式或强制式电梯安装子分部	02 液压电梯安装子分部	03 自动扶梯、自动人行道安装（子分部）
序号	名称			
8	悬挂装置、随行电缆、补偿器安装 090108	●		
9	电气装置安装 090109,090207	●	●	
10	电梯整机安装 090110	●		
11	液压系统安装 090208		●	
12	悬挂装置、随行电缆 090209		●	
13	液压电梯整机安装 090210		●	
14	自动扶梯、人行道设备进场 090301			●
15	土建交接检验 090302			●
16	自动扶梯、人行道整机安装 090303			●

(2)工程质量验收资料目录

1)安装工艺及企业标准；

2)设备进场验收记录；

3)与建筑结构交接验收记录

4)隐蔽工程验收记录；

5)安全保护验收记录；

6)限速器安全联动试验记录；

7)层门及轿门试验记录；

8)空载、超载125%试运行记录。

1.1.10 设计变更、洽商记录

设计变更、洽商记录是设计单位、建设单位、施工单位协

商解决施工过程中随时发生问题的文件记载,其目的是弥补施工中的设计不足。

其形式可分为:设计变更洽商和经济洽商。

设计变更洽商:包括基础变更处理洽商、主体部位变更洽商、结构洽商、改变原设计工艺的洽商等。

经济洽商:是正确解决建设单位、施工单位经济补偿的协议文件。

1. 设计变更洽商是发生在设计单位、建设单位、施工单位三方的,必须三方签字。经济洽商发生在建设单位、施工单位之间,由建设单位、施工单位双方签字,要求签字必须齐全。

2. 设计变更洽商是指导施工的重要依据,必须真实地反映工程的实际情况。因此记录内容要求条理清楚、明确具体,除文字说明外,必要时附平面图、剖面图,以利施工。

3. 设计单位如委托建设单位办理洽商,应有书面委托手续。

4. 相同工程如需用同一个洽商时,可用复印件或抄件,用抄件时,抄件人应在抄件上签字,并注明原件存放编号。

5. 分包工程的有关工程设计变更洽商记录,应通过工程总包单位找各方代表参加办理洽商记录,由分包单位整理,工程竣工时由总包单位汇总移交存档。

6. 设计变更洽商要随工程进度及时注明变更洽商日期,不得拖拉,以利施工。

7. 必须填写变更设计洽商记录编号,并与施工图上的洽商编号相对应,以利查找。

8. 洽商记录按签订日期先后顺序整理。

9. 洽商经签认后,不得随意涂改或删除。

设计变更、洽商记录见表1-84。

设计变更、洽商记录	表 1-84
	年 月 日 午 第 号

工程名称：

记录内容

建设单位	施工单位	设计单位

1.2 建筑设备安装工程

1.2.1 建筑给水排水及采暖工程

1.2.1.1 技术交底

表格式样同土建工程用表。

要求：应根据本工程的特点，依据规范、规程、施工工艺、设计要求等写出各分项工程技术交底内容，交底方与接受任务方应有签认手续。技术交底工作应在施工前进行完毕，要交工艺、交标准、交操作规程，使技术交底真正起到指导施工的作用。

内容：工具、材料准备；室内给水、排水管道安装；室外给水、排水管道安装；卫生器具安装；散热器及热水管道安装；煤气管道及设备安装；调压装置安装等。在地基与基础施工阶段，要有各种埋地（或暗装）管道（给水、排水、采暖等）的交底内容。

建筑给水排水与采暖工程中的各分项工程的技术交底均应包括以下内容：

1. 对材料、设备的要求；

2. 主要机具；
3. 作业条件；
4. 操作工艺；
5. 质量标准；
6. 成品保护；
7. 应注意的质量问题。

1.2.1.2 设计变更、洽商记录

表格式样同土建工程用表。

设计变更、洽商记录是对施工图纸的补充和修改。内容应详细具体，必要时附图，并应由设计单位、建设单位、施工单位三方签认。

1.2.1.3 产品质量合格证

产品质量合格证是证明施工单位所使用的设备、材料是合格产品的依据之一。所以施工中所采用的设备、材料必须有制造、生产单位提供的产品质量合格证书。

须有合格证的产品一般有三类：

1. 材料：管材、管件、法兰、衬垫等原材料以及防腐、保温、隔热等材料；

2. 设备器具：散热器、暖风机、金属辐射板、卫生器具、水箱、水罐、热交换器等；

3. 阀门、仪表及调压装置等。

一般地说，购进什么产品，就应该有什么产品的合格证。例如，在地基与基础施工阶段，一般只使用到管材和管件，所以在此施工阶段，应有管材及管件的合格证。

1.2.1.4 隐蔽工程检查记录

表格式样同土建工程用表。

1. 隐检项目

直埋于地下及结构中;暗敷于沟道中、管井中、吊顶内、不便进入的设备层内;以及有保温、隔热要求的管道及设备。在地基与基础施工阶段,隐检项目主要为暗敷的给水、排水管道及其他各种管道。

2．隐检内容

安装位置、标高、坡度、接口处理、变径位置、防腐做法及效果、附件使用、支架固定、焊接情况、保温质量、基底处理效果、支墩情况等。

3．隐检要求

(1)按系统、工序进行;

(2)要写出实际设备及材料的规格、型号及具体做法。

1.2.1.5　预检记录

表格式样同土建工程用表。

预检记录是指各种管道、设备安装前的检查。内容包括:预留孔洞位置、管道及设备位置、规格尺寸、标高、坡度、材质、防腐材料种类、坐标、埋件的规格尺寸及位置等。

在地基与基础施工阶段,预检记录一般应有管道入口孔洞的位置及规格尺寸,设备基础位置及规格尺寸,管道的基底处理及支墩砌筑,管道的规格、坡度、选用防腐材料的种类等内容。

1.2.1.6　施工试验记录

施工试验,一般民用建筑工程包括九项内容:

1．强度试验(表1-85)

(1)试验项目:室内外输送各种介质的承压管道、设备、阀门和密封罐等应进行单项强度试验,系统安装工作完成后进行隐蔽之前再进行系统强度试验(也可分区、段进行)并做记录。

强度(严密性)试验记录　　　表 1-85

工程名称		试验日期	
试验项目		试验部位	
材　　质		规　　格	

试验要求：

试验记录：

试验结论：

签字栏	建设(监理)单位	施工单位		
		专业技术负责人	专业质检员	专业工长

注：本表由施工单位填写，建设单位、施工单位、城建档案馆各保存一份。

(2)试验表格填写要求：

1)要填写实际试验压力和试压时间；

2)注明试验日期；

3)试验时应邀请建设单位及有关单位参加；

4)试验人及参加试验人员应及时签字。

(3)试压标准：

1)给水管道试压标准见表 1-86。

给水管道试压标准 表1-86

系统类别	管 材	工作压力 P(MPa)	试验压力(MPa)
室内给水	钢 管	$1P$	$1.5P$ 但不得小于 0.6
	给水铸铁管	$1P$	
室外给水	钢 管	$1P$	$1.5P$ 但不得小于 0.6
	给水铸铁管	$1P$	
		$1P$	

水压试验时,先升至试验压力,10min 压力降不应大于 0.05MPa,然后由试验压力降至工作压力作外观检查,压力应保持不变,不渗不漏为合格。

综合试压时,冷、热水管道,以不小于 0.6MPa、不大于 1MPa 的压力试压,1h 内压力降不超过 0.05MPa,不渗不漏为合格。

2)消火栓系统试压标准:

消火栓系统干、立管道的水压试验要求执行给水系统金属管道要求。消火栓系统试验要求试验压力为 1.4MPa,稳压时间 2h,管道及各连接点应无泄漏。

如在冬期结冰季节,不能用水进行试验时,可采用 0.3MPa 压缩空气进行试压,其压力应保持 24h 不降压为合格。

3)采暖系统试压标准:

(A)散热器的型号、规格、质量及安装前的水压试验必须符合设计要求和施工规范的规定,试验压力如设计无要求时应为工作压力的 1.5 倍,且不小于 0.6MPa,2~3min 不渗不漏为合格。

(B)供热管道(饱和蒸汽压力 < 0.8MPa 的蒸汽系统,热水温度 ≤ 150℃的热水管道)的试验压力应为工作压力的 1.5 倍,

但不得小于 0.6MPa，10min 内压力降不超过 0.05MPa，不渗不漏为合格。

（C）综合试压，即整个采暖系统安装工作完成后的压力试验。包括管道、散热器、阀门、配件等，试验地点应选在暖气入口处为宜。试压标准为用不小于 0.6MPa 表压试压，1h 内压力降不超过 0.05MPa，不渗不漏为合格。

2. 严密性试验（见表 1-85）

煤气管道及设备除应按设计要求进行压力试验外，还应做严密性试验，填写记录单时应写清检查项目、内容、试验方法、情况处理及结论。

3. 通水试验、灌水试验（表 1-87、表 1-88）

通水试验记录　　　　　　表 1-87

工程名称		试验日期		
试验项目		试验部位		
通水压力(MPa)		通水流量(m^3/h)		

试验系统简述：

试验记录：

试验结论：

签字栏	建设(监理)单位	施工单位		
		专业技术负责人	专业质检员	专业工长

注：本表由施工单位填写并保存。

通水试验:给水(冷热)、消防、雨水管道、卫生器具及排水系统应进行通水试验。通水试验必须分系统、分区段进行。

灌(满)水试验记录　　　　　表 1-88

工程名称		试验日期	
试验项目		试验部位	
材　　质		规　　格	

试验要求:

试验记录:

试验结论:

签字栏	建设(监理)单位	施工单位		
		专业技术负责人	专业质检员	专业工长

注:本表由施工单位填写并保存。

灌水试验:亦称闭水试验,凡暗装于管井内、直埋于地下的排水管道、雨水管道、开式水箱等均应在隐蔽前做灌水试验。

(1)室内排水管道灌水试验:

其灌水高度应不低于底层卫生器具的上边缘或底层地面高度,满水15min水面下降后,再灌满延续5min,液面不下降,不渗不漏为合格。

(2)室内雨水管道灌水试验:

由上部最高雨水漏斗至立管底部排出口,灌水试验持续1h不渗不漏为合格。

(3)水箱的灌水试验应满水24h后观察,不渗不漏为合格。

(4)灌水试验单填写中应注意的问题:

1)写清注水位置;

2)写清注水时间;

3)各系统应分别注明;

4)结论明确。

4. 吹、冲洗(脱脂)试验(表1-89)

(1)生活、生产冷、热水管道,在交付使用前须用水冲洗。冲洗时,要求以系统最大设计流量或不小于1.0m/s的流速连续进行,直到各出水口的水色透明度与进水目测一致为合格。

(2)采暖管道:

1)管道投入使用前必须冲洗,冲洗前应将管道上安装的流量孔板、滤网、温度计、调节阀及恒温阀拆除,待冲洗合格后再安上。

2)热水管道供回水管及凝结水管用清水冲洗,冲洗时以系统能达到的最大压力和流量进行,直到出水口水色透明度与入水口处目测一致为合格。

吹(冲)洗(脱脂)试验记录 表1-89

工程名称		试验日期	
试验项目		试验部位	
试验介质		试验方式	

试验记录：

试验结论：

签字栏	建设(监理)单位	施工单位		
		专业技术负责人	专业质检员	专业工长

注：本表由施工单位填写并保存。

3) 蒸汽管道宜用蒸汽吹扫，吹扫前应缓慢升温管道，且恒温1h后进行吹扫，吹扫后自然降温至环境温度，如此反复一般不少于三次。一般蒸汽管道可用刨光木板置于排气口处检查，板上无铁锈、脏物为合格。

4) 医用集中供氧系统和集中压缩空气系统的铜管部分在安装前须做脱脂处理，全部系统安装后都要用氮气吹洗，以排气口处的白布洁白为合格。医用集中供氧、吸引系统的强度试验、气密试验和运行试验,按国家行业标准《医用集中供氧系统装置通用技术条件》和《医用集中吸引系统装置通用技术条件》进行。

(3)煤气、压缩气管道系统安装完毕后应做吹洗试验。

冲、吹洗试验应分段或分系统进行,不得以水压试验的无压排水代替冲洗试验。

此项记录填写中,应注意写清注水部位、放水部位,冲、吹洗情况及效果,参加试验的有关人员应及时签字。

5. 安全附件安装检查记录(表1-90)

安全阀、水位计、压力表及报警装置等投入运行前应按设计要求的工作压力、工作状况遵照规范进行调试。

6. 补偿器安装记录(表1-91)

各类补偿器安装前应按规范和设计要求做预拉伸,将计算数据和预拉伸情况做好记录,并将补偿器的制作尺寸附图说明。

7. 锅炉烘炉、煮炉记录(表1-92,表1-93)

(1)烘炉记录:包括锅炉炉体及热力交换站、管道和设备。内容包括烘炉温度升温记录、烘炉时间及效果。

(2)煮炉记录:包括煮炉的药量及成分、加药程序、蒸汽压力、升、降温控制,煮炉时间及煮后的清洗、除垢情况。

8. 设备试运转记录

(1)单机试运转:包括水泵、风机等设备的单机试运转;

(2)系统试运转:主要包括水处理系统、采暖系统、机械排水系统、压力给水系统、煤气调压系统等全负荷试运行。记录内容包括全过程各种试验数据、控制参数及运行状况。

注:7、8两项内容应请当地压力容器检验管理部门参加试验并签署意见。

安全附件安装检查记录　　　表 1-90

工程名称			安装位号		
锅炉型号			工作介质		
设计(额定)压力(MPa)			最大工作压力(MPa)		
检 查 项 目			检 查 结 果		
压力表	量程及精度等级		MPa；　　　　　级		
	校验日期		年　　　月　　　日		
	在最大工作压力处应划红线		□ 已划	□ 未划	
	旋塞或针型阀是否灵活		□ 灵活	□ 不灵活	
	蒸汽压力表管是否设存水弯管		□ 已设	□ 未设	
	铅封是否完好		□ 完好	□ 不完好	
安全阀	开启压力范围		MPa ～ MPa		
	校验日期		年　　　月　　　日		
	铅封是否完好		□ 完好	□ 不完好	
	安全阀排放管应引至安全地点		□ 是	□ 不是	
	锅炉安全阀应有泄水管		□ 有	□ 没有	
水位计(液位计)	锅炉水位计应有泄水管		□ 有	□ 没有	
	水位计应划出高、低水位红线		□ 已划	□ 未划	
	水位计旋塞(阀门)是否灵活		□ 灵活	□ 不灵活	
报警装置	校验日期		年　　　月　　　日		
	报警高低限(声、光报警)		□ 灵敏、准确	□ 不合格	
	联锁装置工作情况		□ 运作迅速、灵敏	□ 不合格	

说明：

结论：		□ 合格	□ 不合格	
签字栏	建设(监理)单位	施工单位		
		专业技术负责人	专业质检员	专业工长

注：本表由施工单位填写，建设单位、施工单位、城建档案馆各保存一份。

补偿器安装记录

表 1-91

工 程 名 称		日 期	
设计压力(MPa)		补偿器安装部位	
补偿器规格型号		补偿器材质	
固定支架间距(m)		管内介质温度(℃)	
计算预拉值(mm)		实际预拉值(mm)	

补偿器安装记录及说明：

结论：

签字栏	建设(监理)单位	施工单位		
		专业技术负责人	专业质检员	专业工长

注：本表由施工单位填写并保存。

锅炉封闭及烘炉(烘干)记录 表1-92

工程名称		安装位号	
锅炉型号		试验日期	

设备/管道封闭前的内部观察情况:

封闭方法			
烘干方法		烘炉时间	起始时间　年　月　日　时　分
			终止时间　年　月　日　时　分

温度区间(℃)	升、降温速度(℃/h)	所用时间(h)

烘炉(烘干)曲线图(包括计划曲线及实际曲线):

结论		□ 合格　　□ 不合格		
签字栏	建设(监理)单位	施工单位		
		专业技术负责人	专业质检员	专业工长

注:本表由施工单位填写,建设单位、施工单位、城建档案馆各保存一份。

锅炉煮炉试验记录

表 1-93

工程名称		安装位号	
锅炉型号		煮炉日期	

试验要求:
1. 检查煮炉前的污垢厚度,确定锅炉加药配方;
2. 煮炉后检查受热面内部清洁程度,记录煮炉时间、压力。

试验记录:

试验结论:

签字栏	建设(监理)单位	施工单位		
		专业技术负责人	专业质检员	专业工长

注:本表由施工单位填写,建设单位、施工单位、城建档案馆各保存一份。

在地基与基础施工阶段的施工试验内容主要是埋地给水管道的压力试验和排水管道的灌水试验两项内容。

1.2.1.7 工程施工质量验收记录

1. 建筑工程施工质量验收统一标准

(1)分项工程质量验收合格应符合下列规定:

1)分项工程所含的检验批均应符合合格质量的规定;
2)分项工程所含的检验批的质量验收记录应完整。
(2)分部(子分部)工程质量验收合格应符合下列规定:
1)分部(子分部)工程所含分项工程的质量均应验收合格;
2)质量控制资料应完整;
3)设备安装分部工程有关安全及功能的检验和抽样检测结果应符合有关规定。

2.分项工程质量验收可按表1-94进行

表1-94

分部工程	子分部工程	分 项 工 程
建筑给水、排水及采暖	室内给水系统	给水管道及配件安装,室内消火栓系统安装,给水设备安装,管道防腐,绝热
	室内排水系统	排水管道及配件安装,雨水管道及配件安装
	室内热水供应系统	管道及配件安装,辅助设备安装,防腐,绝热
	卫生器具安装	卫生器具安装,卫生器具给水配件安装,卫生器具排水管道安装
	室内采暖系统	管道及配件安装,辅助设备及散热器安装,金属辐射板安装,低温热水地板辐射采暖系统安装,系统水压试验及调试,防腐,绝热
	室外给水管网	给水管道安装,消防水泵接合器及室外消火栓安装,管沟及井室
	室外排水管网	排水管道安装,排水管沟与井池
	室外供热管网	管道及配件安装,系统水压试验及调试,防腐,绝热
	建筑中水系统及游泳池系统	建筑中水系统管道及辅助设备安装,游泳池水系统安装
	供热锅炉及辅助设备安装	锅炉安装,辅助设备及管道安装,安全附件安装,烘炉、煮炉和试运行,换热站安装,防腐,绝热

1.2.2 建筑电气安装工程

1.2.2.1 技术交底

电气安装工程中的各分项工程的技术交底均应包括以下内容:

1. 对材料、设备的要求;
2. 主要机具;
3. 作业条件;
4. 操作工艺;
5. 质量标准;
6. 成品保护;
7. 应注意的质量问题。

应该强调的是技术交底的文字内容,应交到施工班组长及施工人员手中,使其切实掌握、了解交底的内容。

在地基与基础施工阶段,要有引入电缆的钢管埋设、地线引入以及利用基础钢筋做地极等项交底内容。

1.2.2.2 隐蔽工程检查记录

表格式样同土建工程用表,内容应详细、具体,结论清楚,签字手续齐全。

隐检是指为下道工序施工所隐蔽的工程项目在隐蔽前必须进行的隐蔽检查。一般电气安装工程隐检主要有以下五个方面的内容:

1. 暗配管路

包括埋地、墙内、板孔内、密封桥架内、板缝内及混凝土内等。

要求:分部位、分层或分段进行隐检。

内容:位置、规格、标高、弯头、接头、跨接地线的焊接、防腐、管盒固定、管口处理等(填表时应写出具体内容)。

2. 利用结构钢筋做避雷引下线、暗敷避雷引下线及屋面暗设接闪器

要求:除应办理隐检手续外,还应附以平面图、剖面图及文字说明。

内容:材质、规格、型号、焊接情况及相对位置等。

3. 接地体的埋设与焊接

内容:位置、埋深、材质、规格、焊接情况、土壤处理、防腐情况等。

要求:内容应具体,如焊接应写出搭接长度、焊面、焊接质量,防腐应写出防腐材料的种类、遍数等,还应附以"电气接地装置平面图"。

4. 不能进入的吊顶内管路敷设

要求:在封顶前做好隐检。

内容:位置、标高、材质、规格、固定方式方法及上、下层保护情况等。

在地基与基础施工阶段的隐检主要包括:暗引电缆的钢管埋设、地线引入、利用基础钢筋做接地极的钢筋与引线焊接等项内容。

1.2.2.3 设计变更、洽商记录

表格式样同土建工程用表,要求同本节的暖卫、煤气工程。

2 主体工程施工阶段

2.1 建筑工程

2.1.1 主要原材料、成品、半成品、构配件出厂质量证明和质量试(检)验报告

1. 水泥；
2. 钢筋；
3. 钢结构用钢材及配件；
4. 焊条、焊剂及焊药；
5. 砖；
6. 骨料；
7. 外加剂；
8. 预制混凝土构件；

以上内容请参阅地基与基础工程施工阶段有关内容。

2.1.2 施工试验记录

1. 砌筑砂浆；
2. 混凝土；
3. 钢筋焊接；
4. 钢结构焊接；
5. 现场预应力混凝土试验；

以上内容请参阅地基与基础工程施工阶段有关内容。

2.1.3 施工记录

2.1.3.1 结构吊装记录

所有吊装构件都应有吊装施工记录

1. 预制混凝土框架结构、钢结构及大型构件吊装施工记录

其内容包括：构件类别、型号、位置、搭接长度、实际吊装偏差及吊装平面图等。

结构吊装施工记录见表 2-1。

结构吊装施工记录   表 2-1

年 月 日

工程名称				施工层段			
施工单位				吊装日期			
施工图号				构件合格证编号			
吊装机具				另附吊装附图			
构件型号名称	安装位置	安装标高	搭接长度	固定方法	连接处理接缝	端头处理	质量情况

技术负责人   质量检查员   施工队组   记录

表中各项都应填写清楚、齐全、准确、真实,最后签字要齐全。

其中:安装位置——构件安装的平面位置,用轴线表示;

安装标高——安装构件底部标高,要有具体数字,精确至 mm;

搭接长度——梁、板、屋架在支座上搭压的长度,要有具体数字,精确至 mm;

固定方法——构件与结构或其他构件的连接方法;

连接、接缝处理——连接或接缝处理的情况;

端头处理——端头处理的情况;

质量情况——构件外观质量情况;

构件吊装节点处理的质量情况;

另附吊装附图——写附图编号;

吊装附图:应与结构平面布置图一致,并要标清各构件的类型、型号、位置,要与结构吊装施工记录相对应。

2. 大型钢网架结构制作及安装记录

(1)主要内容:

1)钢网架结构竣工图和设计更改文件;

2)网架结构所用的钢材和其他材料的质量证明及试验报告;

3)焊缝质量检验资料,焊工编号或标志;

4)高强度螺栓各项检验记录;

5)各道工序质量评定资料;

6)网架结构挠度值记录。

(2)钢网架结构竣工图和设计更改文件:钢网架结构竣工图即全套结构图 + 设计更改文件,钢网架结构施工变更必须要有设计更改文件,文件中要有设计人签字。

(3)网架结构所用钢材和其他材料必须要有证明和试验报告,具体要求见"钢材出厂质量证明书、试验报告或化学成分检验"。

(4)焊缝质量检验资料,焊工编号或标志主要包括:焊缝外观检查和实测记录;焊缝超声波检查或X射线检查资料。

钢结构焊接的焊工都必须经考试合格,有相应施焊条件的合格证并有编号或标志,在焊缝质量检验资料中应注明焊工的编号或标志。

1)焊缝的外观检查和实测记录

(A)焊缝表面严禁有裂纹、夹渣、焊瘤、烧穿、弧坑、针状气孔和熔合性飞溅等缺陷;

(B)气孔、咬边应符合表2-2规定。

焊缝外观检查质量标准　　　　表2-2

项次	项目		质量标准		
			一级	二级	三级
1	气孔		不允许	不允许	直径小于或等于1.0mm的气孔,在1000mm长度范围内不得超过5个
2	咬边	不要求修磨的焊缝	不允许	深度不超过0.5mm,累计总长度不得超过焊缝长度的10%	深度不超过0.5mm,累计总长度不超过焊缝长度的20%
		要求修磨的焊缝	不允许	不允许	—

(C)焊缝尺寸的允许偏差和检验方法(见表2-3)。

焊缝外观应全数检查,实测各种焊缝(抽查5%且不少于1条),一级焊缝有疑点时应用磁粉复验。

表 2-3

项次	项目		允许偏差（mm）			检验方法
			一级	二级	三级	
1	对接焊缝	焊缝余高 (mm) $b<20$	0.5~2	0.5~2.5	0.5~3.5	用焊缝量规检查
		焊缝余高 (mm) $b\geqslant 20$	0.5~3	0.5~3.5	0.5~4	
		焊缝错边	$<0.1\delta$ 且不大于 2	$<0.1\delta$ 且不大于 2	$<0.1\delta$ 且不大于 3	
2	贴角焊缝	焊缝余高 (mm) $k\leqslant 6$	0~+1.5			用焊缝量规检查
		焊缝余高 (mm) $k>6$	0~+3			
		焊角宽 (mm) $k\leqslant 6$	0~+1.5			
		焊角宽 (mm) $k>6$	0~+3			
3	T 形接头要求焊透的 K 形焊缝(mm)		0~+1.5			

注：b 为焊缝宽度；k 为焊角尺寸；δ 为母材厚度。

2)焊缝超声波检查或 X 射线检查资料：

受拉、受压且要求与母材等强度的焊缝，必须经超声波或 X 射线探伤检验。

(5)高强度螺栓的各项检查记录：

1)高强度螺栓的材质合格证明。对螺栓的质量要求：高强度螺栓用 20MnTiB 钢制作，螺母用 15MnVB 或 35 号钢，垫圈用 45 号钢。

制孔要求：高强度螺栓（六角头螺栓、扭剪型螺栓等）孔的直径应比螺栓杆公称直径大 1.0~3.0mm。螺栓孔应具有 H14（H15）的精度，孔的允许偏差应符合表 2-4 的规定。

2)构件摩擦面摩擦系数检验报告。高强度螺栓连接，必须对构件摩擦面进行加工处理。处理后的摩擦系数应符合设计要求（构件出厂时，必须附有供复验摩擦系数的三组同材质同处理方法的试件）。

高强度螺栓制孔允许偏差　　　表2-4

序号	名　称		允　许　偏　差 (mm)						
1	螺栓	公称直径	12	16	20	(22)	24	(27)	30
		允许偏差	±0.43		±0.52			±0.84	
	螺栓孔	直　径	13.5	17.5	22	(24)	26	(30)	33
		允许偏差	+0.43 0		+0.52 0			+0.84 0	
2	不圆度(最大和最小直径之差)		1.00		1.50				
3	中心线倾斜度		不大于板厚的3%，且单层板不得大于2.0mm，多层板迭组合不得大于3.0mm						

3)螺栓紧固扭矩的抽查记录。对于手动扭矩扳手进行终拧的螺栓，要用经过标定的扭矩扳手抽查螺栓的紧固扭矩。抽查数量为接点螺栓总数的10%，但不少于1枚，如发现有的螺栓紧固扭矩不足，则应用扭矩扳手对接点上所有螺栓重拧一遍。

(6)各道工序质量验收资料主要包括：

1)钢结构焊接的分项工程质量验收；

2)钢结构螺栓连接的分项工程质量验收；

3)钢结构主体与围护系统安装分项工程质量验收；

4)固定式钢梯、栏杆、平台安装分项工程质量评定；

5)钢结构油漆分项工程质量评定。

(7)网架结构挠度值记录(见表2-5)。

钢网架安装后应实测网架各主要杆件的挠度值，应做记录，记录宜请建设单位签认。

3．钢结构工程竣工验收记录

(1)主要内容：

1)钢结构竣工图和设计更改文件；

网架结构挠度值记录表　　　　　表 2-5

工程名称：		施工单位：		
检测日期：		安装日期：		
构件型号名称		实测挠度值		

建设单位签字	技术负责人	质量检查员	记录人	实测人

2)在安装过程中所达成的协议文件;

3)安装所用的钢材和其他材料的质量证明书或试验报告;

4)构件调整后的测量资料,以及整个钢结构工程或单元的安装质量评定资料;

5)焊缝质量检验资料,焊工编号或标志;

6)高强度螺栓的检查试验记录;

7)设计有要求的工程试验记录。

(2)钢结构竣工图和设计更改文件:

1)钢结构竣工图和设计更改文件;

2)安装所用的钢材和其他材料的质量证明书或试验报告;

3)焊缝质量检验资料,焊工编号或标志;

4)高强度螺栓的检查试验记录。

(3)在安装过程中所达成的协议文件:

协议可以是建设单位、设计单位同施工单位达成的协议。但如涉及结构安全方面必须经设计人签认。

(4)设计有要求的工程试验应有试验记录,并应邀请设计单位参加并签认。

2.1.3.2 现场预应力张拉施工记录

现场预应力张拉施工记录内容主要包括各种试验记录、施工方案、技术交底、张拉记录、张拉设备检定记录、质量检查资料。

1. 各种试验记录

现场预应力张拉施工的试验记录有：

冷拉钢筋和调直后的冷拔低碳钢丝的机械性能试验；

钢筋的点焊、对焊和焊接铁件电弧焊的机械性能试验；

后张法，张拉前混凝土的强度试验报告。

(1)冷拉钢筋机械性能试验记录

冷拉钢筋以同规格、同厂别、同炉号、同一进场时间、每20t为一验收批，不足20t时，按一验收批计。

1)每一验收批中，抽取2根钢筋，每根取2个试样分别进行拉力和冷弯试验。从每根钢筋上任一端去掉0.5m以上截取试件各1根。

2)采用控制冷拉率方法冷拉钢筋时其试样不应少于4根，按炉批测定该级别控制应力下的冷拉率。

冷拉钢筋必试项目有：(A)屈服点；(B)抗拉强度；(C)伸长率；(D)冷弯；(E)控制应力下的冷拉率。

(2)调直后冷拔低碳钢丝的机械性能试验记录

1)使用冷拔低碳钢丝成品：

分为甲级、乙级以同一品种、级别、规格、进厂时间每5t为一试验批，不足5t时亦按一批计算，每一验收批中抽取3盘，每盘各取试件一组(2根)，共3组(6根)。

2)用于预应力的冷拔低碳钢丝：

(A)冷拔低碳钢丝以每一盘为一验收批。

(B)调直前从每一验收批中取试件一组(1根)做拉力、伸长率试验。调查后取试件一组(2根)分别做拉力、伸长率和反复弯曲试验。

（C）无调直工序时,每盘取试件一组(2根)做拉力、伸长率和反复弯曲试验。

3)取样方法:从一盘钢丝上任意一端去掉0.5m以上再截取试件。

4)冷拔低碳钢丝必试项目有：

（A）抗拉强度；（B）伸长率；（C）反复弯曲。

(3)钢筋的点焊、对焊以及焊接铁件的电弧焊的机械性能试验

1)钢筋的纵向连接,应采用对焊；钢筋的交叉连接宜采用点焊；构件中的预埋件宜采用压力埋弧焊或电弧焊。但对高强钢丝、冷拉钢筋、冷拔低碳钢丝不得采用电弧焊。

2)对焊时,为了选择合理的焊接参数,在每批钢筋(或每台班)正式焊接前,应焊接6个试件,其中3个做拉力试验,3个做冷弯试验。经试验合格后,方可按既定的焊接参数成批生产。

3)同直径、同级别而不同钢种的钢筋可以对焊,但应按可焊性较差的钢种选择焊接参数。同级别、同钢种不同直径的钢筋对焊,两根钢筋截面积之比不宜大于1.5倍。但需在焊接过程中按大直径的钢筋选用参数,并应减小大直径钢筋的调伸长度。上述两种焊接只能用冷拉方法调直,不得利用其冷拉强度。

4)钢筋的点焊、对焊以及焊接铁件的电弧焊的焊接试验应符合焊接规范的有关要求。

(4)后张法,张拉前混凝土的强度试验报告

后张法,张拉前混凝土的强度试验报告与普通强度报告

相同,只是要求其强度值不低于设计强度标准值的70%。

2. 施工方案和技术交底

现场加工预应力钢筋混凝土构件的施工方案和技术交底除按所要求的内容外,还必须编写清楚钢筋调直、切断、焊接、镦头的施工操作技术要求;预应力筋的夹具与锚具的选定;张拉机具设备的校定、使用与维护;张拉方法;预应力钢筋张拉的操作规程;操作人员的培训考核;应力检测的标准;放张的审批程序和放张顺序等。

3. 张拉记录

预应力筋张拉和放张时,均应填写施加预应力记录表。

4. 张拉设备检定记录

(1)预应力钢筋张拉的主要设备有:

1)预应力钢筋拉伸机;

2)油压千斤顶;

3)电动油泵;

4)预应力张拉机;

5)弹簧测力计。

(2)校验

1)张拉机具与设备应定期校验,并做好校验记录。校验期限规定如下:

(A)使用次数较频繁的张拉设备。每3个月校验一次;

(B)使用次数较一般的张拉设备。每6个月校验一次;

(C)弹簧测力计,每1个月校验一次;

(D)凡经过检修或大修的张拉设备,使用前必须校验;

(E)首次使用或存放期超过半年的张拉设备,使用前必须校验;

(F)进入冬期施工的张拉设备,必须重新校验。

2)张拉机具与设备在使用过程中,若油封损坏漏油,则不得继续使用,必须更换;若遇预应力筋连续断裂或其他反常现象,应重新校验;若油压表的指针不稳,不回零位、弯曲不直、走动失常、跳动过大,则必须更换合格的油压表。

3)千斤顶的校验方法,宜采用传感器校验。若采用试验机校验时,试验机应当鉴定合格,精度不得低于2%,取千斤顶试验机的读数为准。千斤顶的校验误差一般不得超过±3%。

千斤顶与油压表宜配套校验,以减少累计误差。若采用标准油压表,允许不配套校验。

4)校验后要有检定记录,记录中宜写明检验方法、测试数据、校验结论和校验技术部门的签字盖章。

5．质量检查资料

现场加工预应力钢筋混凝土构件的质量检查资料有:

预检、隐检、应力检测、构件质量检验评定。

2.1.3.3 沉降观测记录

凡设计有要求的都要作沉降观察记录。

1．建筑物和构筑物沉降观测

建筑物和构筑物沉降观测的每一区域,必须有足够数量的水准点,并不得少于2个。水准点应考虑永久使用,埋设坚固(不应埋设在道路、仓库、河岸、新填土、将建设或堆料的地方,以及受震动影响的范围内),与被观测的建筑物和构筑物的间距为30~50m。水准点帽头宜用铜或不锈钢制成,如用普通钢代替,应注意防锈。水准点埋设须在基坑开挖前15d完成。

2．观测点的设置

观测点的设置,应按能全面地查明建筑物和构筑物基础沉降的要求,由设计单位根据地基的工程地质资料及建筑结构的特点确定。

3. 承重砖墙各观测点的设置

承重砖墙的各观测点，一般可沿墙的长度每隔 8～12m 设置一个，并应设置在建筑物的转角处、纵墙和横墙的交接处及纵墙和横墙的中央，建筑物沉降缝的两侧也应设置观测点。当建筑物的宽度大于 15m 时，内墙也应在适当位置设观测点。

4. 框架式结构建筑物各观测点的设置

框架式结构的建筑物，应在每个柱基或部分柱基上安设观测点。具有筏形基础或箱形基础的高层建筑，观测点应沿纵横轴线和基础（或接近基础的结构部分）周边设置。新建与原有建筑物的连接处两边，都应设置观测点。烟囱、水塔、油罐及其他类似构筑物的观测点，应沿周边对称设置。

5. 沉降观察使用仪器

沉降观察宜采用精密水准仪及钢水准尺进行，在缺乏上述仪器时，也可采用精密的工程水准仪（带有符合水准器）和刻度精确的水准尺进行。观察时应使用固定的测量工具，人员宜固定。每次观察均需采用环形闭合方法或往返闭合方法当场进行检查。同一观察点的两次观测之差不得大于 1mm。

6. 水准测量方法

水准测量应采用闭合法进行。

(1) 采用二等水准测量应符合 $\pm 0.4\sqrt{n}$ mm 的要求；

(2) 采用三等水准测量应符合 $\pm 1.0\sqrt{n}$ mm 的要求；

注：n 为水准测量过程中水准仪安设的次数。

7. 沉降观测的次数和时间

沉降观测的次数和时间，应按设计要求，一般第一次观测应在观测点安设稳固后及时进行。民用建筑每加高一层应观测一次，工业建筑应在不同荷载阶段分别进行观测，整个施工时间的观测不得少于 4 次。建筑物和构筑物全部竣工后的观测次数:第一年4次,第二年2次,第三年后每年1次,至下沉稳定(由沉降与时间的关系曲线判定)为止。观测期限一般为:砂土地基2年,粘性土地基5年,软土地基10年。

当建筑物和构筑物突然发生大量沉降、不均匀沉降或严重的裂缝时,应立即进行逐日或几天一次的连续观测,同时应对裂缝进行观测。

8. 建筑物的裂缝观测

建筑物的裂缝观测,应在裂缝上设置可靠的观测标志(如石膏条等),观测后应绘制详图,画出裂缝的位置、形状和尺寸,并注明日期和编号。必要时应对裂缝照相。

9. 沉降观测资料

沉降观测资料应及时整理和妥善保存,作为该工程技术档案的一部分,并应附有下列各项资料:

1)根据水准点测量得出的每个观测点高程和其逐次沉降量。

2)计算出的建筑物和构筑物的平均沉降量、相对弯曲和相对倾斜值。

3)水准点的平面布置图和构造图,测量沉降的全部原始资料。

4)施工时建筑物和构筑物标高的水准测量记录及晴雨气象资料。

5)根据上述内容编写沉降观测分析报告(其中应附有工程地质和工程设计的简要说明)。

2.1.4 预检记录

1. 楼层放线

楼层放线预检是保证建筑物位置位移在允许偏差范围之内的重要手段。其内容有:

(1)校核各楼层墙柱轴线、边线、门窗洞口位置线。

检验方法:根据墙柱轴线和施工平面图用尺量方法校核墙体边线和门窗洞口位置线是否符合设计要求。

(2)楼层放线应分层、分施工段、分施工部位进行预检,并填写楼层测量记录。

楼层测量记录的填写方法:

工程名称、施工单位、图纸编号、抄测日期、楼层、施测人,由工地技术负责人填写。坐标依据、高程依据由规划部门提供。抄测平面示意图应有方向和轴线标号。复测结果是对该楼层的测量复查结果情况的说明,应填写清楚。技术负责人、复查人、抄测人、施工员、质检员签字应齐全。

2. 楼层 50cm 水平控制线

(1)意义:

楼层 50cm 水平线是控制建筑物标高及结构标高的水平线,在墙体砌至 1m 高左右,抄平弹线而成。作用是控制门窗口、过梁、楼板、模板、吊顶、地面、踢脚等标高。为了保证建筑物标高和结构标高的准确无误,必须认真做好楼层 50cm 水平线的预检工作。

(2)检验方法:

用水平仪校核 50cm 水平线的位置及平整度。

(3)填写预检记录。

3. 模板工程

同地基与基础工程施工阶段有关内容。

4. 预制构件吊装(砖混结构)

为了保证建筑物的结构安全,保证施工符合图纸要求,对预制构件吊装工作必须在班组自检合格的基础上进行预检。

(1)预检内容

包括构件型号、构件支点的搁置长度、楼板堵孔、清理、标高、位置、垂直偏差及构件外观检查等,绘制吊装平面图。

(2)预检方法

根据图纸的构件型号、标高位置,用尺量和观感检查其外观、支点的搁置长度、楼板、堵孔、清理、胡子筋处理等。

5．皮数杆

校核门窗洞口位置、过梁的位置、拉结筋、木砖的位置。

检验方法:尺量检查。

6．混凝土施工缝留置的方法、位置和接槎的处理

(1)意义

混凝土施工缝是保证结构构件质量,保证结构安全的重要因素。根据构件类型及受力的不同状况(弯矩、剪力),对混凝土施工缝的位置有不同的要求,处理不好,将造成重大事故,必须引起高度的重视。对混凝土施工缝留置位置必须在班组检合格的基础上由技术员组织预检,以满足规定要求。

(2)预检内容

留置方法、位置、接槎处理等。

(3)混凝土施工缝的留置

1)留置在结构受剪力较小的部位。

2)便于继续施工的部位。

3)在规定的时间内预期可完成工作的范围内。

(4)常用结构的施工缝的部位

1)柱应留水平施工缝的部位是:基础顶面、梁或吊车梁牛腿下面、无梁楼板柱帽下面。

2)和板连成整体的大截面梁的施工缝应留在板底面以下20～30mm处,当板下有梁托时,留在梁托下部。

3)单向板应设垂直施工缝,留在平行于板的短边的任何

位置。

4)有主次梁的楼板的施工缝应留在次梁跨度1/3的范围内。

(5)施工缝的留置法

1)水平施工缝:应在留缝的位置弹线,将混凝土振实振平。

2)垂直施工缝:较薄的楼板、深度不大的次梁可用木板支模。较厚的基层底板,应绑扎铅丝网,深度大的梁、板墙等,可用粗钢筋加固绑扎。

(6)施工缝的处理

1)混凝土强度达到1.18MPa时,才可继续施工。在浇筑混凝土前,应清理垃圾、水泥残渣,对旧混凝土凿毛,用水清洗湿润。

2)将钢筋调整修理、清理干净。

3)浇筑时水平施工缝宜先铺上10~15mm厚的同强度等级水泥砂浆。

4)结构设计留置的后浇缝宜用膨胀混凝土浇筑。

5)预制梁柱与现浇混凝土连接也应按施工缝处理,水平缝应干捻水泥砂浆,竖缝应浇筑膨胀混凝土。

6)楼板、次梁、底板的竖向施工缝继续施工接缝方式有两种:一种从施工缝开始继续浇筑,这时要注意避免直接投料,应用铁锹铲混凝土,用锹背向缝处已凝固的混凝土喂料。第二种从另一侧向施工缝处浇筑,混凝土挤向施工缝,应有多余的砂浆挤出,刮平。

7)施工缝处要加强养护。

2.1.5 隐蔽工程验收记录

2.1.5.1 钢筋绑扎工程

1. 钢筋隐检的部位

梁、柱、板、墙、阳台、雨罩、楼梯等构件钢筋的绑扎与安装。

2. 隐检内容

品种、规格、尺寸、数量、间距、接头、位置、搭接倍数、平直、弯折、弯钩、箍筋、绑扎、预埋件、保护层等。

3. 有关规定

(1)钢筋绑扎接头的规定：

1)搭接长度的末端与钢筋弯曲处的距离,不得小于钢筋直径的 10 倍,接头不宜位于构件最大弯矩处；

2)受拉区域内,HPB235 级钢筋绑扎接长的末端应做弯钩,HRB335、HRB400 级钢筋可不做弯钩；

3)直径等于或小于 12mm 的受压 HPB235 级钢筋的末端,以及轴心受压构件中任意直径的受力钢筋的末端,可不做弯钩,但搭接长度不应小于钢筋直径的 35 倍。

钢筋搭接处,应在中心和两端用铁丝扎牢。

(2)焊接网采用绑扎连接时,应符合下列规定：

焊接网的搭接接头,不宜位于构件的最大弯矩处；焊接网在受力钢筋方向的搭接长度,应符合规定。

焊接网在非受力方向的搭接长度,宜为 100mm。

(3)箍筋要求及抗震设防箍筋加密范围的规定：

用 HPB235 级钢筋或冷拔低碳钢丝制作的箍筋,其末端弯钩的弯曲直径应大于受力钢筋直径,且不小于箍筋直径的 2.5 倍。弯钩的平直部分长度,一般结构不宜小于箍筋直径的 5 倍;有抗震要求的结构不应小于箍筋直径的 10 倍。

2.1.5.2 钢筋焊接工程

1. 类型

现场结构焊接主要包括现场结构钢筋焊接和预制构件现场焊接连接。

2. 钢筋焊接隐检

隐检范围：

工业与民用房屋构筑物的钢筋混凝土和预应力混凝土结构中的钢筋、钢筋骨架和钢筋网片。

预制构件焊接主要包括外墙板缝槽钢筋焊接，大楼板连接筋焊接，阳台尾筋焊接，楼梯、阳台栏板焊接等。

2.1.5.3 外墙板空腔立缝、平缝、十字缝接头、阳台、雨罩、女儿墙平缝及外立缝的质量要求

外墙板空腔防水应接缝严密，做法正确，即使使用新型防水材料，其基础处理细部做法和要求也基本相同。因此基层处理和细部做法必须严格施工，做好隐检。

1. 首层应按图纸现制通长整体混凝土挡水台，外侧做好防水坡。应在基础或地下室圈梁中预留插铁，配纵向钢筋，支模后浇灌豆石混凝土，待混凝土强度≥5MPa后方准安装外墙板。

2. 吊装就位前必须再次检查挡水台，如有局部破损应及时修补，才能安装。安装时应轻吊轻放，尽量一次就位准确，必要时可撬动墙板内侧，不准在披水、挡水台上撬动墙板。

3. 安装外墙板应以墙边线为准，做到外墙面顺平，墙身垂直，缝隙均匀一致，不得出现企口缝错位，把平腔挤严的现象。外墙板标高必须正确，防止披水高于挡水台。板底的找平层灰浆边须密实。应特别注意首层外墙板的安装质量，使之成为以上各层的基准。

4. 油毡聚苯每层必须通长成条，宽度适宜，嵌插到底，周围必须严密，不得分段接插，不得鼓出或崩裂，以防止浇灌墙体节点混凝土时堵塞空腔。

5. 防水处理应由培训合格的专业班组负责施工。防水塑料条宜选用厚度为1.5～2.0mm、硬度适当的软质聚氯乙烯防

水塑料条。防水塑料条的长度和宽度必须和墙缝相适应,其宽度为立缝宽度加 25mm。高度为层高加 100~150mm,以便封闭空腔上口,防止浇灌混凝土时混凝土或杂物掉入堵塞腔槽。下端剪成圆弧形缺口,以便留排水孔。在结构施工时,防水塑料条必须随层同步从上往下插入立缝空腔中,严禁结构吊装完毕后做装饰时由缝前后塞。嵌插塑料条时,要防止脱槽。低温施工时塑料条应放入保温桶中,软化后再插入。水平缝的纸卷(油毡条)要塞紧。

6. 十字缝接头处的上层塑料条应插到下层外墙板的排水坡上。半圆形塑料排水孔要保持畅通,可伸出墙皮 15mm 向下倾斜。

7. 墙体丁字节点混凝土浇筑后,应检查立腔、平腔是否畅通,如有漏浆或杂物等堵塞,应及时清理干净。无法清理时,整条墙缝应用防水油膏嵌填。

2.1.6 主体结构工程验收记录

具体内容详见地基与基础工程施工阶段有关内容。

2.1.7 技术交底

主体工程施工阶段包括如下分项工程的技术交底:

1. 砌砖墙;
2. 砌加气混凝土砌块墙;
3. 砖混结构模板;
4. 框架结构定型组合钢模板;
5. 砖混、外砖皮模结构钢筋绑扎;
6. 框架结构钢筋绑扎;
7. 砖混结构(构造柱、圈梁、板缝等)混凝土浇筑;
8. 框架结构混凝土浇筑;
9. 预制钢筋混凝土框架结构构件安装;

10. 预应力圆孔板安装;
11. 预应力大楼板安装;
12. 钢筋手工电弧焊;
13. 钢筋气压焊;
14. 预制阳台、雨罩、通道板安装;
15. 预制楼梯及垃圾道安装;
16. 预制外墙板安装。

2.1.8 工程质量验收记录
具体内容详见地基与基础工程施工阶段相关内容。

2.1.9 设计变更、洽商记录
具体内容详见地基与基础工程施工阶段相关内容。

2.2 建筑设备安装工程

2.2.1 建筑给水排水及采暖工程

1. 设计变更、洽商记录

具体内容详见地基与基础工程施工阶段有关内容。

2. 预检记录

表格同土建工程用表,内容同地基与基础工程施工阶段。

在主体施工阶段预检记录一般应有预留孔洞的位置(现浇板、预制板、砖墙、混凝土梁等处)、消防箱的位置及预留洞的规格尺寸、管径、垂直度、坡度、甩口位置等项内容。

填写记录单时应分层或按施工段部位进行,禁止用一张单子代替整个单位工程的预检记录。

3. 隐蔽工程验收记录

在主体施工阶段的隐蔽工程检查记录,主要是指暗敷于沟槽内、混凝土内、管井中不便进入的设备层内及有保温隔热要求的管道和设备等项内容。

4. 施工试验记录

在此施工阶段的试验项目主要有：

(1)输送各种介质的承压管道(如：给水管道、消防管道、供热管道、医用管道及煤气管道等)。这些管道均应做单项压力试验。

(2)无压或低压的各种排水管道(如：雨水管道、排水管道及排污管道等)。这些管道均应做灌水试验。

5. 产品质量合格证

在此施工阶段所使用的管材、管件及设备等的合格证整理要求同地基与基础工程施工阶段有关内容。

6. 工程质量验收记录

在此施工阶段的分项工程质量验收，一般应有室内给水管道的验收记录、室内排水管道的验收记录及室内煤气管道部分的验收记录三项内容。

7. 设备、材料检验记录

设备、产品进场后(或使用前)必须进行抽样检查。

(1)抽检内容

外观、材质、规格、型号、性能等是否符合有关规定要求。

(2)抽检项目

给水设备、排水设备、卫生设备、采暖设备、煤气设备等，也就是说，所有进场准备使用的设备产品均应进行检查。

(3)抽检数量

1)给排水设备、水箱、主控阀门、调压装置做全数检查。

2)除1)条内容外的其他设备、产品按同牌号、同型号、同规格各检查10%。

3)对设计、规范有要求的或对材质有怀疑的材料和设备必须做抽样检查。

4)煤气专用设备按不同规格送检数量不少于3%。

在此施工阶段起码应有所使用的管材、管件的抽检记录。

2.2.2 建筑电气安装工程

1. 电气设备、材料合格证

在建筑电气施工中所使用的产品必须符合中国电工产品认证委员会的安全认证要求,其电气设备上应有安全认证标志"3C",并应有合格证件,设备应有铭牌。

产品制造厂所提供的合格证书上一般应有:厂名、厂址、规格、型号、技术性能及出厂日期等项内容。

(1)整理要求及表格

同地基与基础工程施工阶段有关内容。

(2)内容

工程中使用的所有电气设备和材料均应具有合格证及"3C"认证标志,如线材、管材、灯具、开关、插座、继电器、接触器、漏电保安器、电表、成套配电箱(盘、板、柜、屏)、绝缘胶带、接线帽、压接套管等。

在主体施工阶段,一般只涉及到电线管、线盒及配电箱等,所以在此施工阶段应有管、箱及盒的合格证。

2. 设备、材料检验记录

设备和材料进场后(或使用前)应对产品型号、规格、外观及产品性能做抽样检查。抽查数量一般为各品种、规格的10%,重要设备和材料(如主控制器、主开关等)应全数检查。抽检记录应写清日期和抽检人签名。

在主体施工阶段有线管、线盒和配电箱的抽检记录。

3. 预检记录

表格式样同土建工程,内容包括:

(1)明配管的预检(包括能进入吊顶内的配管):位置、标高、规格、防腐及外观处理等。

(2)变配电装置的位置(箱、盘、柜、屏等)、标高、规格型号等的预检。

(3)高、低压进出口方向预检,包括送电方向、电缆沟位置及标高等。

(4)开关、插座及灯具的位置。

4. 隐检记录

表格式样同土建工程用表,内容同地基与基础工程施工阶段有关内容。

5. 自检、互检、交接检记录

在每一项工作完成后,施工人员对其所工作的质量依照规范和工艺的要求进行自我检查,同工作的施工人员应互相指导和监督检查,一个作业班工作完成后,下一班接班的人员应对上一班人员工作质量进行检查,然后写出各自的评定意见填入表中。质检员及班组长也应对其工作质量做出相应的评定。

6. 质量验收

建筑电气工程是建筑工程9个分部工程之一,包括室内外线路敷设、硬母线和滑接线安装、电器具及设备安装,以及避雷针(网)及接地装置安装等项内容。

(1)表格种类

电气安装工程的质量验收表格有:检验批质量验收记录、分项工程质量验收记录和分部(子分部)工程质量验收记录。

(2)对分项工程质量验收的要求

1)多层房屋应按层或单元进行验收;

2)单层房屋、独立建筑物或构筑物(如水塔、烟囱、圆仓

等)应全数进行验收;

3)主配电箱(盘)、避雷针(网)以及接地装置应全数进行验收。

(3)分项工程质量验收内容及检验方法

电气工程中的分项工程一般有17项内容:

1)架空线路和杆上电气设备安装;

2)电缆线路;

3)配管及管内穿线;

4)瓷夹、瓷柱(珠)及瓷瓶配线;

5)护套线配线;

6)槽板配线;

7)配线用钢索;

8)硬母线安装;

9)滑接线和移动式软电缆安装;

10)电力变压器安装;

11)高压开关安装;

12)成套配电柜(盘)及动力开关柜安装;

13)低压电器安装;

14)电机的电气检查和接线;

15)蓄电池安装;

16)电气照明器具及配电箱(盘)安装;

17)避雷针(网)及接地装置安装。

一般民用工程在主体施工阶段只涉及到配管工程,所以在分项工程质量验收中应做"配管"验收,并注明验收日期。

这里需要注意的是,"配管及管内穿线"是用的同一表格,填写时可用同一张表格,但应分别注明日期,亦可以配管与管内穿线分别用两张表填写。

7. 设计变更、洽商记录

设计变更、技术洽商(经济洽商除外)应及时与设计单位办理签认手续。未经设计部门签认的技术变更应视为无效。

3 屋面工程施工阶段

3.1 建筑工程

3.1.1 主要原材料、成品、半成品、构配件出厂质量证明和质量试(检)验报告

防水材料的有关要求详见地基与基础工程施工阶段有关内容。

3.1.2 施工记录

浇水试验记录：屋面工程有条件的应做全部屋面的浇水试验，浇水试验应全面地同时浇水，可在屋脊处设干管向两边喷淋至少 2h，浇水试验后检验屋面是否渗漏。检查的重点是管子根部、烟囱根部、女儿墙根部等凸出屋面部分的泛水及水落口等细部节点。浇水试验的方法和试验后的检验都必须做详细的记录，并应邀请建设单位检查，签字。浇水试验记录要存入施工技术资料中。

没有条件做浇水试验的屋面工程，应做好雨期观察记录。每次较大降雨时施工单位应邀请建设单位对屋面进行检查，并做好记录，双方签认。经过一个雨期，屋面无渗漏现象视为合格。

3.1.3 隐蔽工程验收记录

屋面防水层下各层细部做法：

为了保证屋面下各部做法符合设计要求，有良好的保温

隔热性能,坡度符合规定,找平层、分格缝、排气槽等符合设计规范要求,防水层下各部做法符合质量标准,必须对防水层下各层做法进行检查,并填写隐检记录。

防水层检验内容包括:基层、防水层铺设(方向、搭头、压边、收头、顺向、厚度等);节点细部作法(高低跨、变形缝、沉降缝、檐口、天沟等阴阳角及转角处、连接处,以及管道设备穿过防水层的封固处等)。要求防水层粘结牢固、接缝严密、无空鼓及裂缝,屋面排水畅通无积水。如用卷材豆砂保护层铺设,应均无光板,如有隔热架空层,架空板应铺设牢固平稳。

防水层检验部位、项目、子目、签字应齐全。

3.1.4 技术交底

屋面工程施工阶段包括如下分项工程技术交底:

1. 屋面保温层;
2. 屋面找平层;
3. 沥青油毡卷材屋面防水层;
4. 雨水管、变形缝制作安装。

3.1.5 工程质量验收记录

具体内容详见地基与基础工程施工阶段相关内容。

3.1.6 设计变更、洽商记录

具体内容详见地基与基础工程施工阶段有关内容。

3.2 建筑设备安装工程

3.2.1 建筑给水排水及采暖工程

1. 太阳能热水器安装

(1)设备材料检验记录。

(2)预检记录:

表格同土建工程用表。

内容:设备材料的型号、规格、附件、位置、防腐材料等。

(3)施工试验:

这里的施工试验主要包括两项内容:

1)注水试验:打开冷水截门,给太阳能热水器注水,检查水位能否达到要求的水位及检查各接口有无渗漏之处;

2)水温试验:太阳能热水器经数小时日照后,检查其水温是否达到设计要求(记录中应写清当时的天气、气温情况以及历时)。

(4)质量检验评定。

2. 屋面立管(透气管)安装

预检记录:

表格同土建工程用表。

内容:管子的接口位置、直径、长度等。

管道安装高度(从最终屋面算起):

上人屋面:应≥2.0m。

3.2.2 建筑电气安装工程

屋面工程电气安装部分的内容,主要是防雷系统接闪器的安装。

接闪器的安装一般民用工程有三种安装方式:

第一种:避雷针接闪器;

第二种:沿屋檐口四周围环形避雷线做接闪器;

第三种:暗设接闪器(利用挑檐钢筋、利用女儿墙压顶圈梁钢筋及埋设钢筋网等)。

无论是哪种安装方式均需做隐蔽工程检查、预检及质量评定,有技术洽商的办理洽商手续。

1. 预检记录

表格式样同土建工程。

内容:位置、材质、规格、数量、附件及防腐材料等。

2．隐检记录

表格式样同土建工程。

内容:材质、规格、绑扎、焊接等。

要求:暗敷接闪器必须有可靠的电气通路,钢筋接头应进行焊接,并应写清搭接倍数及焊接情况;明敷接闪器的钢筋接头应进行双面焊接,并应做好防腐处理,附件必须齐全;避雷针的拉线不得小于 $\phi 6$ 直径、拉环预埋可靠。

3．质量验收记录

4．设计变更、洽商记录

5．避雷针、网、引下线制作与安装

(1)避雷针制作与安装

1)避雷针制作与安装应符合以下规定:

①所有金属部件必须镀锌,操作时注意保护镀锌层。

②采用镀锌钢管制作针尖,管壁厚度不得小于 3mm,针尖涮锡长度不得小于 70mm。

③多节避雷针各节尺寸见表 3-1。

针体各节尺寸   表 3-1

项 目	针 全 高 （m）				
	1.0	2.0	3.0	4.0	5.0
上 节	1000	2000	1500	1000	1500
中 节	—	—	1500	1500	1500
下 节	—	—	—	1500	1200

④避雷针应垂直安装牢固,垂直度允许偏差为 3‰。

⑤焊接要求详见有关规范。清除药皮后刷防锈漆及铅油

(或银粉)。

⑥避雷针一般采用圆钢或钢管制成,其直径不应小于下列数值:

针长 1m 以下圆钢为 12mm,钢管为 20mm;

针长 1~2m 时,圆钢为 16mm,钢管为 25mm;针更高时应适当加粗。

水塔顶部避雷针圆钢直径为 25mm;钢管直径为 40mm。

烟囱顶上圆钢直径为 20mm;避雷环圆钢直径为 12mm;扁钢截面 100mm^2,厚度为 4mm。

2)避雷针制作:

按设计要求的材料所需的长度分上、中、下三节进行下料。如针尖采用钢管制作,可先将上节钢管一端锯成锯齿形,用手锤收尖后,进行焊缝磨尖,涮锡,然后将后一端与中、下两节钢管找直,焊好。

3)避雷针安装:

先将支座钢板的底板固定在预埋的地脚螺栓上,焊上一块肋板,再将避雷针立起,找直、找正后,进行点焊,然后加以校正,焊上其他三块肋板。最后将引下线焊在底板上,清除药皮刷防锈漆及铅油(或银粉)。

(2)支架安装

1)支架安装应符合下列规定:

①角钢支架应有燕尾,其埋注深度不小于 100mm,扁钢和圆钢支架埋深不小于 80mm。

②所有支架必须牢固,灰浆饱满,横平竖直。

③防雷装置的各种支架顶部一般应距建筑物表面 100mm;接地干线支架的顶部应距墙面 20mm。

④支架水平间距不大于 1m(混凝土支座不大于 2m);垂直

间距不大于 1.5m,各间距应均匀,允许偏差 30mm。转角处两边的支架距转角中心不大于 250mm。

⑤支架应平直。水平度每 2m 检查段允许偏差 3‰,垂直度每 3m 检查段允许偏差 2‰;但全长偏差不得大于 10mm。

⑥支架等铁件均应做防腐处理。

⑦埋注支架所用的水泥砂浆,其配合比不应低于 1:2。

2)支架安装:

①应尽可能随结构施工预埋支架或铁件。

②根据设计要求进行弹线及分档定位。

③用手锤、錾子进行剔洞,洞的大小应里外一致。

④首先埋注一条直线上的两端支架,然后用铅丝拉直并埋注其他支架。在埋注前应先用水把洞内浇湿。

⑤如用混凝土支座,将混凝土支座分档摆好。先在两端支架间拉直线,然后将其他支座用砂浆找平找直。

⑥如果女儿墙预留有预埋铁件,可将支架直接焊在铁件上,支架的找直方法同前。

(3)防雷引下线暗敷设

1)防雷引下线暗敷设应符合下列规定:

①引下线扁钢截面不得小于 25mm×4mm;圆钢直径不得小于 12mm。

②引下线必须在距地面 1.5~1.8m 处做断接卡子(一条引下线者除外)。断接线卡子所用螺栓的直径不得小于 10mm,并需加镀锌垫圈和镀锌弹簧垫圈。

③利用主筋作为暗敷引下线时,每条引下线不得少于 2 根主筋。

④现浇混凝土内敷设引下线不做防腐处理。

⑤建筑物的金属构件(如消防梯、烟囱的铁爬梯等)可作

为引下线,但所有金属部件之间均应连成电气通路。

⑥引下线应沿建筑的外墙敷设,从接闪器到接地体,引下线的敷设路径,应尽可能短而直。根据建筑物的具体情况不可能直线引下时,也可以弯曲,但应注意弯曲开口处的距离不得等于或小于弯曲部线段实际长度的 0.1 倍。引下线也可以暗装,但截面应加大一级,暗装时还应注意墙内其他金属构件的距离。

⑦引下线的固定支点间距离不应大于 2m,敷设引下线时应保持一定松紧度。

⑧引下线应躲开建筑物的出入口和行人较易接触到的地点,以免发生危险。

⑨在易受机械损坏的地方,地上约 1.7m 至地下 0.3m 的一段地线应加保护措施,为了减少接触电压的危险,也可用竹筒将引下线套起来或用绝缘材料缠绕。

⑩采用多根明装引下线时,为了便于测量接地电阻,以及检验引下线和接地线的连接状况,应在每条引下线距地 1.8~2.2m 处放置断接卡子。利用混凝土柱内钢筋作为引下线时,必须将焊接的地线连接到首层、配电盘处并连接到接地端子上,可在地线端子处测量接地电阻。

⑪每栋建筑物至少有 2 根引下线(投影面积小于 $50m^2$ 的建筑物例外)。防雷引下线最好为对称位置,例如 2 根引下线成"一"字形或"乙"字形,4 根引下线要做成"工"字形,引下线间距离不应大于 20m,当大于 20m 时应在中间多引 1 根引下线。

2)防雷引下线暗敷设:

①首先将所需扁钢(或圆钢)用手锤(或钢筋扳子)进行调直或抻直。

②将调直的引下线运到安装地点,按设计要求随建筑物

引上,挂好。

③及时将引下线的下端与接地体焊接好,或与断接卡子连接好。随着建筑物的逐步增高,将引下线敷设于建筑物内至屋顶为止。如需接头则应进行焊接,焊接后应敲掉药皮并刷防锈漆(现浇混凝土除外),并请有关人员进行隐检验收,做好记录。

④利用主筋(直径不少于 $\phi 16mm$)作为引下线时,按设计要求找出全部主筋位置,用油漆做好标记,距室外地坪 1.8m 处焊好测试点,随钢筋逐层串联焊接至顶层,焊接出一定长度的引下线,搭接长度不应小于 100mm,做完后请有关人员进行隐检,做好隐检记录。

⑤土建装修完毕后,将引下线在地面上 1.8m 的一段套上保护管,并用卡子将其固定牢固,刷上红白相间的油漆。

(4)防雷引下线明敷设

1)防雷引下线明敷设应符合下列规定:

①引下线的垂直允许偏差为 2‰。

②引下线必须调直后方可进行敷设,弯曲处不应小于 90°,并不得弯成死角。

③引下线除设计有特殊要求者外,镀锌扁钢截面不得小于 12mm×4mm,镀锌圆钢直径不得小于 8mm。

2)防雷引下线明敷设:

①引下线如为扁钢,可放在平板上用手锤调直;如为圆钢可将圆钢放开。一端固定在牢固地锚的机具上,另一端固定在绞磨(或倒链)的夹具上进行冷拉直。

②将调直的引下线运到安装地点。

③将引下线用大绳提升到最高点,然后由上而下逐点固定,直至安装断接卡子处。如需接头或安装断接卡子,则应进行

焊接。焊接后,清除药皮,局部调直,刷防锈漆及铅油(或银粉)。

④将接地线地面以上2m段,套上保护管,并用卡子固定及刷红白油漆。

⑤用镀锌螺栓将断接卡子与接地体连接牢固。

(5)避雷网安装

1)避雷网安装应符合以下规定:

①避雷线应平直、牢固,不应有高低起伏和弯曲现象,距离建筑物应一致,平直度每2m检查段允许偏差3‰。但全长不得超过10mm。

②避雷线弯曲处不得小于90°,弯曲半径不得小于圆钢直径的10倍。

③避雷线如用扁钢,截面不得小于12mm×4mm;如为圆钢直径不得小于8mm。

④遇有变形缝处应作煨管补偿。

2)避雷网安装:

①避雷线如为扁钢,可放在平板上用手锤调直;如为圆钢,可将圆钢放开一端固定在牢固地锚的夹具上,另一端固定在绞磨(或倒链)的夹具上,进行冷拉调直。

②将调直的避雷线运到安装地点。

③将避雷线用大绳提升到顶部、顺直、敷设、卡固、焊接连成一体,同引下线焊好。焊接处的药皮应敲掉,进行局部调直后刷防锈漆及铅油(或银粉)。

④建筑物屋顶上有突出物,如金属旗杆、透气管、金属天沟、铁栏杆、爬梯、冷却水塔、电视天线等,这些部位的金属导体都必须与避雷网焊接成一体。顶层的烟囱应做避雷带或避雷针。

⑤在建筑物的变形缝处应做防雷跨越处理。

⑥避雷网分明网和暗网两种,暗网格越密,其可靠性就越好。网格的密度应视建筑物的重要程度而定。重要建筑物可使用 5m×5m 的网格;一般建筑物采用 20m×20m 的网格即可。如果设计有特殊要求应按设计要求去做。

(6)均压环(或避雷带)安装

1)均压环(或避雷带)应符合下列规定:

①避雷带(避雷线)一般采用的圆钢直径不小于 6mm,扁钢不小于 24mm×4mm。

②避雷带明敷设时,支架的高度为 10~20cm,其各支点的间距不应大于 1.5m。

③建筑物高于 30m 以上的部位,每隔 3 层沿建筑物四周敷设一道避雷带并与各根引下线相焊接。

④铝制门窗与避雷装置连接。在加工订货铝制门窗时就应按要求甩出 30cm 的铝带或扁钢 2 处,如超过 3m 时,就需 3 处连接,以便进行压接或焊接。

2)均压环(或避雷带)安装:

①避雷带可以暗敷设在建筑物表面的抹灰层内或直接利用结构钢筋,并应与暗敷的避雷网或楼板的钢筋相焊接,所以避雷带实际上也就是均压环。

②利用结构圈梁里的主筋或腰筋与预先准备好的约 20cm 的连接钢筋头焊接成一体,并与柱筋中引下线焊成一个整体。

③圈梁内各点引出钢筋头,焊完后,用圆钢(或扁钢)敷设在四周,圈梁内焊接好各点,并与周围各引下线连接后形成环形。同时在建筑物外沿金属门窗、金属栏杆处甩出 30cm 长 $\phi 12mm$ 镀锌圆钢备用。

④外檐金属门、窗、栏杆、扶手等金属部件的预埋焊接点不应少于 2 处,与避雷带预留的圆钢焊成整体。

4 装修阶段(地面与楼面工程、门窗工程、装饰工程)

4.1 建筑工程

4.1.1 主要原材料、成品、半成品、构配件出厂质量证明和质量试(检)验报告

钢门窗合格证：钢门窗及其附件质量必须符合设计要求和有关标准的规定。所用材料必须符合要求，空腹钢窗料厚应>1.2mm、实腹钢窗料厚应>2mm，钢窗的型号应与设计要求相符。钢窗应关闭严密、开关灵活、无倒翘、附件齐全。钢窗的生产厂家必须持有产品生产许可证，出厂钢窗必须要有产品质量合格证。工地资料员应及时收验钢窗质量合格证，验看是否为持有产品生产许可证的厂家所生产，钢窗型号是否符合设计要求，在钢窗外观检查合格的基础上，确认产品质量合格证与进场钢窗物证吻合后，将钢窗合格证归入原材料、半成品、成品出厂质量证明和试(检)验报告分册中归档保存。

4.1.2 施工记录

1. 厕浴间蓄水试验记录

凡浴室、厕所等有防水要求的房间必须有蓄水检验记录。同一房间应做两次蓄水试验，分别在室内防水完成后及单位工程竣工后做。

蓄水试验为在有防水要求的房间蓄水，蓄水时最浅水位不

得低于20mm,浸泡24h后,检查无渗漏为合格。检查数量应为全部此类房间。检查时,应邀请建设单位参加并签认。

2．烟(风)道、垃圾道检查记录

(1)烟(风)道检查记录

烟道、通风道都应100%做通风试验,并做好自检记录。

通风试验可在烟(风)道口处划根火柴,观察火苗的朝向和烟的去向,即可判别是否通风。

烟风道除做通风试验外,还应进行观感检查。两项检验都合格后,才可验收。

(2)垃圾道检验记录

垃圾道应100%检查是否畅通并做好记录。

3．预制外墙板淋水试验

空腔防水外墙板竣工后都应做淋水试验。淋水试验是用花管在所有外墙上喷淋,淋水时间不得少于2h,淋水后检查外墙壁有无渗漏,淋水试验应请建设单位参加并签认。

4.1.3　隐蔽工程验收记录

厕浴间防水层下各层细部做法:

1．厕所、盥洗室、淋浴室等处地面应设防水层(不得使用卷材型防水材料,应采用防水涂料,如聚氨酯涂膜防水或氯丁胶乳等)。

2．卷材铺贴方向应随流水方向,顺岔搭接,与地漏附加层交接严密。

3．穿通楼板的管道应加套管,管根部处粘结紧密。

4．地漏应低于地面,使流水畅通,地漏处粘结紧密。

4.1.4　技术交底

装修阶段包括如下分项工程技术交底:

1．细石混凝土地面;

2. 水泥砂浆地面;
3. 现制水磨石地面;
4. 预制水磨石地面;
5. 木门窗安装;
6. 钢门窗安装;
7. 铝合金门窗安装;
8. 内墙抹石灰砂浆;
9. 抹水泥砂浆;
10. 墙面水刷石;
11. 墙面干粘石;
12. 喷涂、滚涂、弹涂;
13. 清水砖墙勾缝;
14. 室外贴面砖;
15. 大理石、磨光花岗石、预制水磨石饰面;
16. 木门窗清色油漆;
17. 玻璃安装;
18. 炉渣垫层;
19. 混凝土垫层;
20. 陶瓷锦砖地面;
21. 大理石、花岗石及碎拼大理石地面;
22. 缸砖、水泥花砖地面;
23. 厕浴间聚氨酯涂膜防水层;
24. 厕浴间 SBS 橡胶改性沥青涂料防水层;
25. 厕浴间氯丁胶乳沥青涂料防水层;
26. 木窗帘盒、金属窗帘杆安装;
27. 木材面混色油漆;
28. 一般刷(喷)浆工程;

29．壁柜、吊柜安装；

30．玻璃幕墙安装；

31．挂镜线、贴脸板、压缝条安装；

32．窗台板、暖气罩安装。

4.1.5 工程质量验收记录

具体内容详见地基与基础工程施工阶段有关内容。

4.1.6 设计变更、洽商记录

具体内容详见地基与基础工程施工阶段有关内容。

4.2 建筑设备安装工程

4.2.1 建筑给水排水及采暖工程

1．产品质量合格证

在此施工阶段，所有卫生器具、水箱水罐、热交换器及散热器等设备、材料均应进厂，并且都应具有合格证。

2．产品抽检记录

3．预检记录

内容：产品材料的规格、型号、安装位置、坐标、标高、固定方法等。

4．隐检记录

此施工阶段的隐蔽工程检查，主要是对吊顶内的各种管道及有保温隔热要求的各种管道的检查。

检查项目：规格、防腐、焊接、保温材质及保温质量等。

5．施工试验记录

（1）强度试验记录；

（2）冲、吹洗试验记录；

（3）通水试验记录；

(4)预拉伸记录;

(5)通球试验记录;

(6)灌水试验记录。

6.工程质量检验评定

4.2.2 建筑电气安装工程

4.2.2.1 设备、材料合格证

在此施工阶段所有电器具及材料(如配电箱、盘、柜、电线、电缆、灯具、开关、刀闸、插座等)均应具有合格证和"3C"认证标志。

4.2.2.2 设备、材料抽检记录

在此施工阶段,所有进场的设备及材料,如电线、电缆、灯具、开关等均应做抽样检查,合格后方可进行安装。

4.2.2.3 预检记录

具体内容同主体工程施工阶段相关内容。

4.2.2.4 隐检记录

具体内容同地基与基础工程施工阶段相关内容。

在此施工阶段的隐检项目:

1. 接地装置:制作、焊接、埋设及防腐等;

2. 吊顶内的配管配线:规格、型号、接头、跨接地线、防腐及固定等;

3. 管内穿线:导线规格型号、接头处理等。

4.2.2.5 自检、互检记录

内容同主体工程施工阶段相关内容。

4.2.2.6 施工试验

电气工程的施工试验一般包括四个方面的内容。

1. 绝缘电阻测试(表4-1)

(1)测试内容:主要有电气设备和动力、照明线路的绝缘电阻以及其他有设计要求的绝缘电阻。

(2)测试要求:测试记录中应填写清楚测试段落和系统以及盘号,还应附有测试段落图。

(3)测试段落:一般民用住宅测试段落分为三段为宜(如图4-1所示)。配电变压器或线路分支处——主配电箱(盘、柜)的架空(或埋地)线路为Ⅰ段(引入段);主配电箱——分配电箱的线路(各层或各单元)为Ⅱ段(中间段);分配电箱——用户内线路为Ⅲ段(终止段)。

图4-1 民用住宅绝缘测试段落图

(4)绝缘测试中应注意的问题

1)测试仪表(兆欧表)的选用:

常用的兆欧表型号为ZC-11和ZC-25两种。在实际工作中,需根据被测对象来选择不同电压等级和阻值测量范围的仪表。

①测量电压在500~3000V的电气设备或线路绝缘电阻,选用1000V摇表(阻值测量范围为0~250MΩ);

②测量电压在3000V以上的电气设备或线路绝缘电阻,选用2500V摇表(阻值测量范围为0~2500MΩ)或5000V摇表;

③测量电压在500V以下的电气设备或线路绝缘电阻,选用500V摇表(阻值测量范围为0~250MΩ)。

2)测量电气设备的绝缘电阻时,应先切断电源,然后将设备放电。

3)测试前应试表(一般采用短路法试验)。

电气绝缘电阻测试记录　　　　　表 4-1

工程名称						施工单位					
计量单位	MΩ(兆欧)					测试日期			年　月　日		
仪表型号			电压		V	天气情况			气温		℃
测试内容	相　间			相对零			相对地			零对地	
	A—B	B—C	C—A	A—N	B—N	C—N	A—E	B—E	C—E	N—E	
层段·路别·名称·编号											
测试意见											
参加人员			施工员			质检员			测试人(2人)		

注:1. 本表适用于单相、单相三线、三相四线制、三相五线制的照明、动力线路及电缆线路、电机等绝缘电阻的测试。

2. 表中 A 代表第一相、B 代表第二相、C 代表第三相、N 代表零线(中性线)、E 代表接地线。

3. 表中"参加人员"空白栏,可根据需要填写,如建设单位或设计单位的负责人签字。

239

4)仪表应放置在水平位置。

5)摇表的两条引出线不能放在一起。

6)测量电容量较大的电机、电缆、变压器及电容器等应有一定的充电时间,摇动 1min 后读值,测试完毕后将设备放电。

7)不能用两种不同电压等级的摇表测量同一绝缘物,因为任何绝缘体所加的电压不同,造成绝缘体内产生物理变化不同,使绝缘体内泄漏电流不同,因而影响到测量的绝缘物电阻值不同。

8)测试应在良好的天气下进行,周围环境温度不低于 5℃ 为宜。

9)此项测试应邀请建设单位及有关单位参加,并及时办理签认手续。

(5)绝缘电阻测试标准:

1000V 以下的配电装置和线路的绝缘电阻值不应小于 $0.5M\Omega$。

(6)摇表的接线及操作:

摇表有三个接线柱,即:L(线路)、E(接地)、G(屏蔽)。这三个接线柱按照测量对象不同来选用。在测量照明或电力线路对地绝缘电阻时,将摇表接线柱的"E"可靠接地、"L"接到被测线路上。线路接好后,按顺时针方向转动摇表的发电机摇把,使发电机转子发出的电压供测量使用。摇把的转速应由慢至快,待调速器发生滑动后,要保持转速均匀稳定,不要时快时慢,以免测量不准确。一般摇表转速达 120 转/min 左右时,发电机就达到额定输出电压。当发电机转速稳定后,表盘上的指针也稳定下来,这时的指针读数即为所测得的绝缘电阻值。

测量电缆的绝缘电阻时,为了消除线芯绝缘层表面漏电所引起的测量误差,其接线方法除了使用"L"和"E"接线柱外,还需用屏蔽接线柱"G"。将"G"接线柱接至电缆绝缘纸上。

2. 接地电阻测试(表4-2)

接地电阻测试记录　　　　　表4-2

编号：_____

工程名称			施工单位			
仪表型号			天气情况		气温	℃
计量单位	Ω(欧姆)		测试日期		年　月　日	
接地类型	防雷接地	保护接地	重复接地	静电接地	接地	
组别及测试数据	1				13	
	2				14	
	3				15	
	4				16	
	5				17	
	6				18	
	7				19	
	8				20	
	9				21	
	10				22	
	11				23	
	12				24	
设计、规范要求	Ω	Ω	Ω	Ω	Ω	
测试意见						
参加人员		施工员		质检员		测试人(2人)

注：1. 本表适用于各类型接地电阻的测试。

2. 表中"参加人员"空白栏可楷需要填写，如建设单位负责人或设计单位负责人的签字。非重点及特殊要求的工程，设计单位可不参加签字。

(1)测试内容:主要包括设备、系统的防雷接地、保护接地、工作接地、防静电接地及设计有要求的接地电阻测试。

(2)仪表的选用:常用仪表一般选用 ZC-8 型接地电阻测量仪。

(3)测试方法及要求:

1)将仪表放置水平位置,检查检流计的指针是否在中心线上,否则应用零位调整器将其调整于中心线上。

2)将"倍率标度"置于最大倍数,慢慢转动发电机的摇把,同时转动"测量标度盘"使检流计的指针指于中心线上。

3)当检流计的指针接近平衡时,加快发电机摇把的转速,使其达到 120 转/min 以上,同时调整"测量标度盘",使指针指于中心线上。

4)如"测量标度盘"的读数小于 1 时,应将倍率置于较小的倍数,再重新调整"测量标度盘"以得到正确的读数。

5)在填写此项记录表时,应附以电阻测试点的平面图,并应对测试点进行顺序编号。

6)此项测试应邀请建设单位和有关部门参加。

(4)接地电阻值的要求:

流散电阻和接地电阻的概念:

1)流散电阻 接地体对地电压与经接地体流入地中的接地电流之比,称为流散电阻。

2)接地电阻 电气设备接地部分的对地电压与接地电流之比,称为接地装置的接地电阻。它等于接地线的电阻与流散电阻之和。因为接地线的电阻很小,可以略去不计,所以一般认为接地电阻等于流散电阻。

各地接地装置的接地电阻值,按我国现行规范及有关资料,列于表 4-3 ~ 表 4-6。

电力设备接地装置的接地电阻最大允许值　　表 4-3

序号	接地装置名称	接地电阻 (Ω)	备注
1	100kVA 以上变压器(发电机)	4	低压中性点直接接地系统
2	100kVA 以上变压器(发电机)供电线路的重复接地	10	
3	100kVA 以下变压器(发电机)	10	
4	100kVA 以下变压器(发电机)供电线路的重复接地	30	
5	高低压电气设备的联合接地	4	
6	电流、电压互感器二次线圈	10	
7	架空引入线瓷瓶脚接地	20	
8	装在变电所与母线连接的避雷器	10	在电气上与旋转电机无联系
9	电子设备接地	4	
10	电子计算机安全接地	4	
11	医疗用电气设备接地	10	

建筑物过电压保护接地电阻值　　表 4-4

建筑物类别	防止直接雷击的接地电阻 (Ω)	防止感应雷击的接地电阻 (Ω)
第一类	10	5
第二类	10	—
第三类	30	—
烟囱接地	30	—

雷电保护设备的接地电阻值　　　　　　　　　表 4-5

序号	雷电保护设备名称	接地电阻(Ω)
1	保护变电所的室外独立避雷针	25
2	装设在变电所架空进线上的避雷针	25
3	装设在变电所与母线联结的架空进线上的管形避雷器(在电气上与旋转电机无联系者)	10
4	同上(但与旋转电机在电气上有联系者)	5
5	装设在20kV以上架空线路交叉处跨越电杆上的管形避雷器	15
6	装设在35～110kV架空线路中以及在绝缘较弱处木质电杆上的管形避雷器	15
7	装设在20kV以下架空线路电杆上的放电间隙,以及装设在20kV及以上架空线路相交叉的通信线路电杆上的放电间隙	25

3kV及以上架空线路杆搭接地装置的接地电阻要求值　　表 4-6

土壤电阻系数(Ω·m)	接 地 装 置 电 阻 (Ω)
100 及以下	10
100 以上至 500	15
500 以上至 1000	20
1000 以上至 2000	25
2000 以上	敷设6～8根射线,接地电阻30Ω;或连续伸长接地,阻值不作规定

(5)测量注意事项:

1)接地线路要与被保护设备断开,以保证测量结果的准确性;

2)下雨后和土壤吸收水分太多的时候,以及气候、温度、压力等急剧变化时不能测量;

3)被测地极附近不能有杂散电流和已极化的土壤;

4)探测针应远离地下水管、电缆、铁路等较大金属体,其中电流极应远离10m以上,电压极应远离50m以上,如上述金

属体与接地网没有连接时,可缩短距离$\frac{1}{2} \sim \frac{1}{3}$;

5)注意电流极插入土壤的位置,应使接地棒处于零电位的状态;

6)连接线应使用绝缘良好的导线,以免有漏电现象;

7)测试现场不能有电解物质和腐烂尸体,以免造成错觉;

8)测试宜选择土壤电阻率大的时候进行,如初冬或夏季干燥季节时进行;

9)随时检查仪表的准确性(注:仪表应每年送计量监督单位检测认定一次);

10)当检流计灵敏度过高时,可将电位探针电压极插入土壤中浅一些;当检流计灵敏度不够时,可沿探针注水使其湿润。

3.电气照明器具通电安全检查

(1)检查内容:开关、插座、灯具等。

(2)检查数量:全数检查。

(3)检查要求:

1)开关断相线,开启灵活无阻滞;

2)插座左零右火,地线在上(用插座试验器检查);

3)螺口白炽灯,灯口中心片接相线,日光灯镇流器接相线。

4.电气照明、动力试运行试验

(1)试验内容:主要包括高、低压电气装置及其保护系统。如电力变压器、高低压开关柜、电机、发电机组、蓄电池、具有自动控制的电机及电加热设备、各种音响、讯号、监视系统、共用天线系统、计算机系统、电扇、灯具、插座、报警系统等建筑工程中的一切电气设备。

(2)试验要求：

1)电气设备安装调整试验应符合国家规定的项目和技术要求；

2)填写记录单时，内容应详细具体、结论明确，调整试验过程中发生的异常情况及处理结果应记录清楚；

3)电气设备的调整试验工作应由 2 人以上进行为宜，还应邀请建设单位及有关部门参加并及时办理签字手续；

4)设备的单项试验。电气设备安装完毕检查无误后，应逐个对各用电设备加电进行调整，试验并做好记录；

5)设备的综合试验(包括各系统、各项目)。一般民用建筑的综合试验主要是对电气照明满负荷试运行检查，检查电压是否正常，电表运行是否正常，线路及保险丝有无过热现象，各种自动开关有无误动现象等。照明满负荷试验一般不少于 24h(试验应以进户线为系统进行)。

4.2.2.7　工程质量验收记录

在此施工阶段，各分项工程的质量验收应当做完，并应根据分项工程的验收结果对分部工程的质量进行验收。

4.2.2.8　洽商记录

内容要求同地基与基础工程施工阶段相关内容。

4.2.3　通风与空调工程

1. 各分项工程技术交底

通风与空调安装工程中的各分项工程技术交底均应包括以下内容：

(1)对材料、设备的要求；

(2)主要机具；

(3)作业条件；

(4)操作工艺；

(5)质量标准;

(6)成品保护;

(7)应注意的质量问题。

2．材料、产品、设备出厂质量合格证

(1)材料:导线、开关、风管和各种板材、制冷管道的管材及各种附件,防腐保温材料等;

(2)产品:指成套设备以外的购置品。如各类阀门、衬垫及加工预制件等;

(3)设备:包括空气处理设备、通风设备(消声器、除尘器、机组、风机盘管、诱导器、通风机等)、制冷管道设备(各式制冷机组及其附件等)及各系统中的专用设备。

3．材料、产品及设备的进场检查、验收和试验、

材料、产品和设备进场后要进行严格的检查和必要的试验,并做好检查试验记录。

检查试验项目:材料、设备的规格型号、数量、外观质量、附件是否齐全以及对设备进行必要的加电试验等。

4．制冷及冷水系统管道试验记录

(1)强度及严密性试验

内容包括阀门、设备及系统各方面的试验资料。

(2)工作性能试验

内容包括管件及阀门清洗、单机试运转、系统吹污、真空试验、检漏试验及带负荷试运转等。

5．隐蔽工程检查记录

(1)隐检项目

凡敷设于暗井道及不通行吊顶内或被其他工程(如设备外砌墙、管道及部件外保温隔热等)所掩盖的项目,如空气洁净系统、制冷管道系统及其他部件等均需进行隐蔽工程检查

验收。

(2)隐检内容

接头(缝)有无开脱、是否严密;附件位置是否正确;活动件是否灵活可靠、方向是否正确;管道的坡度情况;支、托、吊架的位置及固定情况;设备的位置、方向;节点处理;保温及结露处理;防渗、漏功能;互相连接情况及防腐处理的情况和效果等。

6．通风、空调调试记录(表4-7)

(1)系统调试前,应有各项设备的单机(通风机、制冷机、空调处理室等)试运转记录。

通风、空调调试记录 表4-7

编号:

工程名称			施工单位			
调试部位			调试日期		年 月 日	
调试内容						
调试情况						
处理意见及结论						
参加人员	建设单位	设计单位	施 工 单 位			
			技术队长		质检员	
			施工员		班组长	

注:无特殊要求时,设计单位可不参加调试试验。

(2)无生产负荷联合试运转的测定和调试内容应齐全,对其调试效果(系统与风口的风量平衡、总风量及风压系统漏风率等)应有过程及终了记录。设计和使用单位有特殊要求时,可另行增加测定内容,如恒温、恒湿系统,洁净系统等。

有特殊要求的重要工程,如恒温、恒湿车间、医院手术室、特殊贮藏室、人防工程等,应按专门规定及要求进行检查并做好记录。

7. 工程质量验收记录

通风与空调工程是建筑安装工程九个分部工程之一,通常一般工业与民用建筑中比较少用,只在高级民用建筑及一些公用建筑中遇到,包括风管及部件制作安装、空气处理设备制作与安装、制冷管道安装以及防腐与保温工程等内容。

(1)检验批、分项工程质量验收记录
(2)分部工程质量验收记录
(3)通风与空调系统调试工艺

1)调试程序:

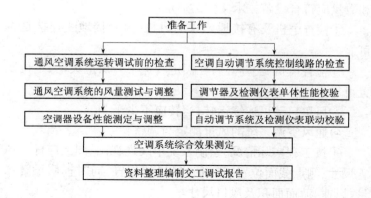

2)准备工作:

①熟悉空调系统设计图纸和有关技术文件,室内、外空气计算参数,风量、冷热负荷、恒温精度要求等,弄清送(回)风系统、供冷和供热系统、自动控制系统的全过程。

②绘制通风空调系统的透视示意图。

③调试人员会同设计、施工和建设单位深入现场,清查空调系统安装质量不合格的地方,清查施工与设计不符的地方,记录在缺陷明细表中,限期修改完。

④备好调试所需的仪器仪表和必要工具,消除缺陷明细表中的各种毛病。电源、水源、冷、热源准备就绪后,即可按计划进行运转和调试。

3)通风空调系统运转前的检查:

①核对通风机、电动机的型号、规格是否与设计相符。

②检查地脚螺栓是否拧紧、减振台座是否平,皮带轮或联轴器是否找正。

③检查轴承处是否有足够的润滑油,加注润滑油的种类和数量应符合设备技术文件的规定。

④检查电机及有接地要求的风机、风管接地线连接是否可靠。

⑤检查风机调节阀门,在额定转速下开启应灵活、定位装置可靠。

⑥风机启动可连续运转,运转应不少于2h。

4)通风空调系统的风量测定与调整:

①按工程实际情况,绘制系统单线透视图、图上应标明风管尺寸、测点截面位置、送(回)风口的位置,同时标明设计风量、风速、截面面积及风口尺寸。

②开风机之前,将风道和风口本身的调节阀门,放在全开

位置,三通调节阀门放在中间位置,空气处理室中的各种调节门也应放在实际运行位置。

③开启风机进行风量测定与调整,先粗测总风量是否满足设计风量要求,做到心中有数,有利于下步调试工作。

④系统风量测定与调整,干管和支管的风量可用皮托管、微压计仪器进行测试。对送(回)风系统调整采用"流量等比分配法"或"基准风口调整法"等,从系统的最远最不利的环路开始,逐步调向通风机。

⑤风口风量测试可用热电风速仪、叶轮风速仪或转杯风速仪,用点定法或匀速移动法测出平均风速,计算出风量。测试次数不少于 3~5 次。

⑥系统风量调整平衡后,应达到:

(a)风口的风量、新风量、排风量,回风量的实测值与设计风量的允许值不大于 15%,各风口或吸风罩的容风量与设计风量的允许偏差不应大于 10%。

(b)新风量与回风量之和应近似等于总的送风量,或各送风量之和。

(c)总的送风量应略大于回风量与排风量之和。

⑦系统风量测试调整时应注意的问题:

(a)测定点截面位置选择应在气流比较均匀稳定的地方,一般选在产生局部阻力之后 4~5 倍管径(或风管长边尺寸)以及局部阻力之前约 1.5~2 倍管径(或风管长边尺寸)的直风管段上。

(b)在矩形风管内测定平均风速时,应将风管测定截面划分若干个相等的小截面使其尽可能接近于正方形;在圆形风管内测定平均风速时,应根据管径大小,将截面分成若干个面积相等的同心圆环,每个圆环应测量 4 个点。

（c）没有调节阀的风道，如果要调节风量，可在风道法兰处临时加插板进行调节，风量调好后，插板留在其中并密封不漏。

5）空调器设备性能测定与调整：

①喷水量的测定和喷水室热工特性的测定应在夏季或接近夏季室外计算参数条件下进行，检验它的冷却能力是否符合设计要求。

②过滤器阻力的测定、表冷器阻力的测定、冷却能力和加热能力的测定等应计算出阻力值及空气失去的热量值与吸收的热量值是否符合设计要求。

③在测定过程中，保证供水、供冷、供热源，做好详细记录，与设计数据进行核对是否有出入，如有出入时应进行调整。

6）空调自动调节系统控制线路检查：

①核实敏感元件、调节仪表或检测仪表以及调节执行机构的型号、规格和安装的部位是否与设计图纸要求相符。

②根据接线图纸，对控制盘下端子的接线（或接管）进行核对。

③根据控制原理图和盘内接线图，对上端子的盘内接线进行核对。

④对自动调节系统的联锁，信号，远距离检测和控制等装置及调节环节核对是否正确，是否符合设计要求。

⑤敏感元件和测量元件的装设地点，应符合下列要求：

（a）要求全室性控制时，应放在不受局部热源影响的区域内；局部区域要求严格时，应放在要求严格的地点；室温元件应放在空气流通的地点。

（b）在风管内，宜放在气流稳定的管段中心。

(c)"露点"温度的敏感元件和测量元件宜放在挡水板后有代表性的位置,并应尽量避免二次回风的影响。不应受辐射热、振动或水滴的直接影响。

7)调节器及检测仪表单体性能校验:

①敏感元件的性能试验。根据控制系统所选用的调节器或检测仪表所要求的分度号必须配套,应进行刻度误差校验和动特性校验,均应达到设计精度要求。

②调节仪表和检测仪表,应做刻度特性校验,调节特性的校验及动作试验与调整,均应达到设计精度要求。

③调节阀和其他执行机构的调节性能,全行程距离、全行程时间的测定,限位开关位置的调整,标出满行程的分度值等均应达到设计精度要求。

8)自动调节系统及检测仪表联动校验:

①自动调节系统在未正式投入联动之前,应进行模拟试验,以校验系统的动作是否正确,是否符合设计要求。无误时,可投入自动调节运行。

②自动调节系统投入运行后,应查明影响系统调节品质的因素,进行系统正常运行效果的分析,并判断能否达到预期的效果。

③自动调节系统各环节的运行调整,应使空调系统的"露点"、二次加热器和室温的各控制点经常保持所规定的空气参数,符合设计精度要求。

9)空调系统综合效果测定

在各分项调试完成后,测定系统联动运行的综合指标是否满足设计与生产工艺要求,如果达不到规定要求时,应在测定中作进一步调整。

①确定经过空调器处理后的空气参数和空调房间工作区

的空气参数。

②检验自动调节系统的效果,各调节元件设备经长时间的考核,应达到系统安全可靠地运行。

③在自动调节系统投入运行条件下,确定空调房间工作区内可能维持的给定空气参数的允许波动范围和稳定性。

④空调系统连续运转时间,一般舒适性空调系统不得少于8h;恒温精度在±1℃时,应在8~12h;恒温精度在±0.5℃时,应在12~24h;恒温精度在±0.1~±0.2℃时,应在24~36h。

⑤空调系统带生产负荷的综合效能试验的测定与调整,应由建设单位负责,施工和设计单位配合进行。

(4)调试报告

将测定和调整后的大量原始数据进行计算和整理,应包括下列内容:

1)通风或空调工程概况;

2)电气设备及自动调节系统设备的单体试验及检测、信号,连锁保护装置的试验和调整数据;

3)空调处理性能测定结果;

4)系统风量调整结果;

5)房间气流组织调试结果;

6)自动调节系统的整定参数;

7)综合效果测定结果;

8)对空调系统做出结论性的评价和分析。

4.2.4 电梯安装工程

4.2.4.1 技术交底

电梯安装工程中的各分项工程技术交底均应包括以下内容:

1. 对材料、设备的要求;
2. 主要机具;
3. 作业条件;
4. 操作工艺;
5. 质量标准;
6. 成品保护;
7. 应注意的质量问题。

4.2.4.2 随机文件

1. 要求

文件齐全。

2. 内容

装箱单、产品合格证、机房井道图、使用说明书、电气原理图、电气布置图、部件安装图、符号说明、调试说明、文件目录、备品备件目录等。

4.2.4.3

表格同土建工程用表。

内容:承重梁埋设、地极制作与安装、暗配管线、绳头巴氏合金浇筑等(表格式样同土建工程)。

4.2.4.4 预检记录

内容:绳洞位置、尺寸;轨道位置;设置位置等(表格式样同土建工程用表)。

4.2.4.5 设备检查记录(表4-8)

内容:设备、材料及附件的规格、数量、完好情况、损伤情况及处理结果等。

4.2.4.6 设计变更、洽商记录

表格式样同土建工程用表。

电梯工程设备检查记录表　　　表 4-8

工程名称			工程地点		
建设单位			安装单位		
设计单位			土建施工		
制造厂家			产品合同号		
电梯类型			出厂日期		年　月　日
检验项目	部件损伤情况摘要			处　理　结　果	
随机文件					
机械部件					
电气部件					
其他部件					
设计问题					
土建问题					
备　注					
参加人员	建设单位	设计单位	制造厂家	土建施工	安装单位

4.2.4.7　接地电阻测试记录

内容：接地极及回路的电阻测试，阻值标准依图纸及说明书要求。

4.2.4.8　绝缘电阻测试记录

内容：曳引机绕组、电线电缆等的绝缘电阻测试。

4.2.4.9　自检互检报告

《电梯安装自检互检报告》为单独成册。检验项目共有 61 项内容。

4.2.4.10 施工检查及施工试验
1. 施工检查记录
(1)电梯机房、井道测量检查记录;
(2)电梯安装样板放线记录图表;
(3)电梯导轨安装测量检查记录;
(4)电梯厅门安装测量检查记录;
(5)电梯安装分项自检互检记录;
(6)电梯轿厢平层准确度测量记录表。
2. 施工试验记录
(1)电梯安全保护装置试验检查记录;
(2)电梯负荷运行试验记录表;
(3)电梯负荷运行试验曲线图表;
(4)电梯噪声测试记录表;
(5)电梯加、减速和垂直、水平振动加速度试验记录。
4.2.4.11 质量验收记录
具体内容详见地基与基础工程施工阶段有关内容。

5 竣工组卷阶段

5.1 主要原材料、成品、半成品、构配件出厂质量证明和质量试(检)验报告

此项是单位工程施工技术资料的第一分册,其内容和整理排序为:

(1)封面;
(2)分册目录表;
(3)水泥分目录表;
(4)水泥出厂质量合格证和试验报告;
(5)钢筋分目录表;
(6)钢筋出厂质量合格证和试验报告;
(7)钢结构用钢材及配件分目录表;
(8)钢结构用钢材及配件出厂质量合格证和试验报告;
(9)焊条、焊剂及焊药分目录表;
(10)焊条、焊剂及焊药出厂质量合格证和试验报告;
(11)砖分目录表;
(12)砖出厂质量合格证和试验报告;
(13)骨料分目录表;
(14)骨料出厂质量合格证和试验报告;
(15)外加剂分目录表;
(16)外加剂出厂质量合格证和试验报告;

(17)防水材料分目录表;
(18)防水材料出厂质量合格证和试验报告;
(19)预制混凝土构件分目录表;
(20)预制混凝土构件质量合格证和试验报告;
(21)封底。

5.2 施工试验记录

此项是单位工程施工技术资料的第二分册,其内容和排序为:
(1)封面;
(2)分册目录表;
(3)回填土分目录表;
(4)回填土取样平面图;
(5)回填土试验报告;
(6)砌筑砂浆分目录表;
(7)砌筑砂浆配合比申请单,通知单;
(8)砌筑砂浆试件抗压强度汇总统计评定表;
(9)砌筑砂浆试件抗压强度试验报告;
(10)混凝土分目录表;
(11)混凝土配合比申请单,通知单;
(12)混凝土试件抗压强度汇总统计评定表;
(13)混凝土试件抗压强度试验报告;
(14)预拌(商品)混凝土出厂合格证;
(15)防水混凝土抗渗试验报告;
(16)有特殊要求混凝土的专项试验报告;
(17)钢筋焊接分目录表;

(18)钢筋焊接试验报告;
(19)钢结构焊接分目录表;
(20)钢结构焊接检验报告;
(21)现场预应力混凝土试验分目录表;
(22)预应力夹具出厂合格证及硬度,锚固能力抽检试验报告;
(23)预应力钢筋(含端杆螺丝)的各项试验资料及预应力钢丝镦头强度抽检记录;
(24)封底。

5.3 施工记录

施工记录是单位工程施工技术资料的第三分册。

资料员将施工记录按编号顺序整理汇总,放入施工记录卷内,在卷内分目录表上注明相应项目。

工程竣工后按分目录的内容顺序填写卷内目录(见表5-1),注明相应项目。

填写卷内备考表,见表5-2,填好卷内共有××件,××页,立卷人(资料员)和检查人(技术负责人)分别签章,注明日期。

施工记录竣工资料整理主要包括以下内容:
(1)地基处理记录;
(2)地基钎探记录和钎探平面布置图;
(3)桩基施工记录;
(4)承重结构及防水混凝土的开盘鉴定及浇筑申请记录;
(5)结构吊装记录;
(6)现场预制混凝土构件施工记录;

卷 内 目 录　　　　表 5-1

序号	文件编号	责任者	文件材料题名	日期	页次	备注

卷 内 备 考 表　　　　表 5-2

说明:卷内共有　　件,　　页

立卷人:　　　年 月 日

检查人:　　　年 月 日

(7)质量事故的处理记录;
(8)混凝土冬期施工测温记录;
(9)屋面浇水试验记录;
(10)厕浴间第一次,第二次蓄水试验记录;
(11)烟道、垃圾道检查记录;
(12)预制外墙板淋水试验。

5.4 预检记录

预检记录是单位工程施工技术资料的第四分册。

由资料员将预检记录单按时间先后顺序集中汇总收集整理,放入预检记录卷内,在卷内分目录表上注明相应项目。

工程竣工后将预检记录的分目录表,按施工先后顺序整理,填入卷内目录,注明相应项目。

填写卷内备考表,填好共有××件,××页,立卷人(资料员)、检查人(技术负责人)分别签章,注明日期。

预检记录地基与基础工程主要包括以下内容:
(1)建筑物定位放线和高程引进;
(2)基槽验线;
(3)基础模板;
(4)混凝土施工缝的留置方法、位置和接槎的处理等;
(5)50cm水平线抄平;
(6)皮数杆检查。

预检记录主体工程主要包括以下内容:
(1)楼层放线;
(2)楼层50cm水平控制线;
(3)模板工程;

(4)预制构件吊装;
(5)皮数杆。

5.5 隐蔽工程验收记录

隐蔽工程验收记录是单位工程施工技术资料的第五分册。

资料员将隐检单按编号顺序整理汇总,放入隐检记录卷内,在卷内分目录表上注明相应项目。

工程竣工后按分目录表的内容顺序填写卷内目录,注明相应项目。

填写卷内备考表,填好卷内共有××件,××页,立卷人、检查人分别签章,注明日期。

隐检工程的整理主要包括以下内容:
(1)地基验槽记录;
(2)地基处理复验记录;
(3)基础钢筋绑扎、焊接工程;
(4)主体工程钢筋绑扎、焊接工程;
(5)现场结构焊接;
(6)屋面防水层下各层细部做法;
(7)厕浴间防水层下各层细部做法。

5.6 基础、结构验收记录

基础结构验收记录是单位工程施工技术资料的第六分册。

资料员将基础、结构验收记录按编号顺序整理汇总,放入基础、结构验收卷内,在卷内分目录表上注明相应项目。

工程竣工后按分目录表的内容填写卷内目录,注明相应项目。

填写卷内备考表,填写卷内共有××件、××页、立卷人、检查人分别签章,注明日期。

5.7 建筑给水排水及采暖工程

采暖卫生与煤气工程是单位工程施工技术资料的第七分册。其排列顺序如下:
(1)技术交底;
(2)隐检记录;
(3)预检记录;
(4)设备、产品合格证(含目录表);
(5)设备、产品抽检记录;
(6)施工试验;
(7)室外管线测量记录;
(8)质量验收记录;
(9)设计变更、洽商记录;
(10)监督站抽检记录;
(11)竣工图。

5.8 电气安装工程

电气安装工程是单位工程的一个重要分部,电气工程的技术资料是该分部的主要内容,应按以下顺序进行整理:
(1)施工现场质量管理检查记录;
(2)电气工程施工方案;
(3)技术交底记录;

(4)图纸会审记录;

(5)设计变更通知单;

(6)工程洽商记录;

(7)电力变压器、各种高低压成套配电柜、动力、照明配电箱、灯具开关插座风扇及配件、电线、电缆、各种母线的合格证、技术文件及"3C"认证证书及复印件;

(8)隐蔽工程检查记录;

(9)预检工程检查记录;

(10)交接检查记录;

(11)各种接地的电阻测试记录,电气防雷装置隐检平面示意图、电气绝缘电阻测试记录,电气器具通电安全检查等的施工试验记录;

(12)施工质量验收记录:检验批、分项工程、分部(子分部)工程验收记录;

(13)电气分部工程的竣工图。

5.9 通风与空调工程

通风与空调工程是单位工程施工技术资料的第九分册,其排列顺序如下:

(1)技术交底与施工组织设计;

(2)隐检记录;

(3)预检记录;

(4)材料、产品、设备合格证;

(5)材料、产品、设备检查验收记录;

(6)施工试验;

(7)设计变更、洽商记录;

(8)质量验收记录;
(9)随机文件;
(10)安装文件;
(11)监督资料。

5.10 电梯安装工程

电梯安装工程是单位工程施工技术资料的第十分册,其排列顺序如下:
(1)技术交底与施工组织设计;
(2)随机文件;
(3)隐检记录;
(4)预检记录;
(5)设备、材料合格证;
(6)设备、材料检查记录;
(7)绝缘接地电阻测试记录;
(8)自检、互检报告;
(9)安装、调整试验记录;
(10)设计变更及洽商记录;
(11)安装验收报告;
(12)质量检验评定;
(13)保修证书;
(14)监督资料(含核定证书)。

5.11 施工组织设计

该项是单位工程施工技术资料的第十一分册,具体内容和要求详见地基与基础工程施工阶段相关内容。

5.12 技术交底

此项是单位工程施工技术资料的第十二分册,其排列顺序如下:

(1)人工挖土和钎探;

(2)回填土工程;

(3)灰土工程;

(4)填压级配砂石;

(5)钢筋混凝土预制桩施工;

(6)长螺旋钻孔灌注桩施工:

(7)防水混凝土工程;

(8)地下沥青油毡卷材防水层;

(9)水泥砂浆防水层;

(10)三元乙丙橡胶地下防水工程;

(11)聚氨酯涂膜地下防水工程;

(12)地下室钢筋绑扎;

(13)桩基承台梁混凝土浇筑;

(14)设备基础混凝土浇筑;

(15)素混凝土基础浇筑;

(16)基础砌砖;

(17)构造柱、圈梁、板缝支模;

(18)定型组合钢模板安装与拆除;

(19)大模板安装与拆除;

(20)构造柱、圈梁、板缝钢筋绑扎;

(21)大模板墙体钢筋绑扎;

(22)现浇框架钢筋绑扎；
(23)钢筋气压焊接；
(24)构造柱、圈梁、板缝混凝土浇筑；
(25)大模板普通混凝土浇筑；
(26)大模板轻骨料混凝土浇筑；
(27)现浇框架混凝土浇筑；
(28)预应力圆孔板安装；
(29)预应力钢筋混凝土大楼板安装；
(30)预制钢筋混凝土框架安装；
(31)外墙板安装；
(32)预制外墙板接缝防水；
(33)加气混凝土屋面板及混凝土挑檐板安装；
(34)钢筋混凝土预制楼梯及垃圾道安装；
(35)钢筋混凝土预制阳台、雨罩、通道板安装；
(36)加气混凝土条板安装；
(37)预制钢筋混凝土隔墙板安装；
(38)砖墙砌筑；
(39)加气混凝土砌块墙砌筑；
(40)手工电弧焊焊接；
(41)扭剪型高强螺栓连接；
(42)钢屋架制作；
(43)钢屋架安装；
(44)屋面找平层；
(45)屋面保温层；
(46)屋面沥青油毡卷材防水层；
(47)三元乙丙橡胶卷材屋面防水工程；
(48)水落斗、水落管、阳台、雨罩出水管等制作安装；

(49)细石混凝土地面;
(50)水泥砂浆地面;
(51)现制水磨石地面;
(52)预制水磨石地面;
(53)陶瓷锦砖(马赛克)地面;
(54)大理石(花岗石)及碎拼大理石地面;
(55)长条、拼花硬木地板;
(56)木门窗安装;
(57)钢门窗安装;
(58)铝合金门窗安装;
(59)室内砖墙抹白灰砂浆;
(60)混凝土墙、顶抹灰;
(61)室内加气混凝土墙面抹灰;
(62)外墙面水泥砂浆;
(63)外墙面水刷石;
(64)外墙面干粘石;
(65)外墙面喷涂、滚涂、弹涂;
(66)斩假石;
(67)清水墙勾缝;
(68)钢、木门窗混色油漆;
(69)混凝土及抹灰表面刷乳胶漆;
(70)室内喷(刷)浆;
(71)外墙面涂料施工;
(72)玻璃安装;
(73)裱糊壁纸;
(74)室内贴面砖;
(75)室外贴面砖;

(76)墙面贴陶瓷锦砖(马赛克);
(77)大理石、磨光花岗石、预制水磨石饰面;
(78)轻钢龙骨罩面板顶棚;
(79)木护墙及木筒子板安装;
(80)楼梯木扶手、塑料扶手安装。

5.13 施工质量验收记录

此项是单位工程施工技术资料的第十三分册。

1. 资料整理要求

(1)施工质量验收记录应订装在一起,并编号做为一册。

(2)工程涉及的各分项工程都要进行评定填表,不能有遗漏。

(3)各分部工程要进行汇总评定,其中地基与基础、主体分部工程要有施工企业技术和质量部门的签字确认。

(4)单位(子单位)工程质量竣工验收应有单位(子单位)工程质量竣工验收记录、单位(子单位)工程质量控制资料核查记录、单位(子单位)工程安全和功能检验资料核查及主要功能抽查记录和单位(子单位)工程观感质量检查记录。

(5)工程质量验收记录要与实际相符,不许弄虚作假。

(6)装订顺序:

1)封皮面;

2)目录表;

3)单位(子单位)工程质量竣工验收记录;

4)单位(子单位)工程质量控制资料;

5)单位(子单位)工程安全和功能检验资料核查及主要功能抽查记录;

6)单位(子单位)工程观感质量检查记录;

7)地基与基础分部工程质量验收记录；

8)地基与基础分部工程中各分项工程质量验收记录；

9)主体结构分部工程质量验收记录；

10)主体结构分部工程中各分项工程质量验收记录；

11)建筑装饰装修分部工程质量验收记录；

12)建筑装饰装修分部工程中各分项工程质量验收记录；

13)建筑屋面分部工程质量验收记录；

14)建筑屋面分部工程中各分项工程质量验收记录；

15)建筑给水、排水及采暖分部工程质量验收记录；

16)建筑给水、排水及采暖分部工程中各分项工程质量验收记录；

17)建筑电气分部工程质量验收记录；

18)建筑电气分部工程中各分项工程质量验收记录；

19)智能建筑分部工程质量验收记录；

20)智能建筑分部工程中各分项工程质量验收记录；

21)通风与空调分部工程质量验收记录；

22)通风与空调分部工程中各分项工程质量验收记录；

23)电梯分部工程质量验收记录；

24)电梯分部工程中各分项工程质量验收记录；

25)结构实体检验记录。

涉及混凝土结构安全的重要部位应进行结构实体检验，并实行有见证取样和送检。结构实体检验的内容包括同条件混凝土强度、钢筋保护层厚度，以及工程合同约定的项目，必要时可检验其他项目。

结构实体检验报告应由有相应资质等级的试验(检测)单位提供。

结构实体检验混凝土强度验收记录见表5-3，结构实体钢筋保护层厚度验收记录见表5-4,并附钢筋保护层厚度试验记录见表5-5。

结构实体混凝土强度验收记录表　　表5-3

工程名称								结构类型				
施工单位								验收日期				
强度等级	试件强度代表值(MPa)									强度评定结果	监理(建设)单位验收结果	

结论：

签字栏	项目专业技术负责人	专业监理工程师 (建设单位项目专业技术负责人)

注：表中某一强度等级对应的试件强度代表值,上一行填写根据 GB107 确定的数值,下一行填写乘以折算系数后的数值。

本表应附以下附件：
1. 同条件养护试件的取样部位应由监理(建设)、施工单位共同选定,有相应文字记录;
2. 混凝土结构工程的各混凝土强度等级均应留置同条件养护试件;施工过程中同条件养护试件留置位置、取样组数和养护方法应符合 GB50204—2002中 10.2节和附录 D 的规定,有相应文字记录;
3. 如采用"温度—时间累计法(600℃·d)"确定同条件混凝土试件等效养护龄期的,应有相应温度测量记录;
4. 同条件试件取样应实行有见证取样和送检,有相应混凝土抗压强度报告。

结构实体钢筋保护层厚度验收记录   表 5-4

工程名称						结构类型		
施工单位						验收日期		
构件类别	序号	钢筋保护层厚度(mm)				合格点率	评定结果	监理(建设)单位验收结果
		设计值	实测值					
梁								
板								

结论：

签字栏	项目专业技术负责人	专业监理工程师 (建设单位项目专业技术负责人)

注：本表中对每一构件可填写6根钢筋的保护层厚度实测值，应检验钢筋的具体数量须根据规范要求和实际情况确定。

本表应有以下附件：

1. 钢筋保护层厚度检验的结构部位应由监理(建设)、施工单位共同规定，有相应文字记录(计划)；
2. 钢筋保护层厚度检验的结构部位、构件类别、构件数量、检验钢筋数量和位置应符合 GB50204—2002 中 10.2 节和附录 E 的规定。

钢筋保护层厚度试验记录　　　　表 5-5

工程名称及部位							
委托单位							
试验委托人				见证人			
构件名称							
测试点编号							
保护层厚度设计值(mm)							
保护层厚度实测值(mm)							

测试位置示意图：

结论：

批　准		审　核		试　验	
试验单位					
报告日期					

本表由建设单位、监理单位、施工单位各保存一份。

2. 常见问题

(1)分项工程质量验收记录不全,有遗漏。

(2)分项工程质量验收记录有漏项、错填、无验收结果、签字不全或一人代签。

(3)不做分部工程汇总。

(4)地基与基础和主体结构分部工程汇总表缺企业技术和质量部门签认。

(5)不及时做单位(子单位)工程质量竣工验收记录、单位(子单位)工程质量控制资料核查记录、单位(子单位)工程安全和功能检验资料核查及主要功能抽查记录和单位(子单位)工程观感质量检查记录。

5.14 竣工验收资料

该项是单位工程施工技术资料的第十四分册。

工程竣工验收是施工的最后阶段,也是对建筑企业生产、技术活动成果的一次全面、综合性的检查评价。工程建设项目通过验收后就可投入使用,发挥经济效益、社会效益,形成新的具有价值和使用价值的固定资产,满足扩大再生产或人民生活、工作的需要。

1. 建筑工程质量验收程序和组织

(1)单位工程完工后,施工单位应自行组织有关人员进行检查评定,并向建设单位提交工程验收报告。

(2)建设单位收到工程验收报告后,应由建设单位(项目)负责人组织施工(含分包单位)、设计、监理等单位(项目)负责人进行单位(子单位)工程验收。

(3)单位工程质量验收合格后,建设单位应在规定时间内将工程竣工验收报告和有关文件,报建设行政管理部门备案。

2. 单位(子单位)工程质量竣工验收记录见表5-6。

单位(子单位)工程质量竣工验收记录　　　表5-6

工程名称		结构类型		层数/建筑面积	/
施工单位		技术负责人		开工日期	
项目经理		项目技术负责人		竣工日期	
序号	项　目	验　收　记　录		验　收　结　论	
1	分部工程	共　　分部,经查　分部 符合标准及设计要求　分部			
2	质量控制 资料核查	共　项,经审查符合要求　 项,经核定符合规范要求　项			
3	安全和主 要使用功能 核查及抽查 结果	共核查　项,符合要求 项,共抽查　项,符合要求 项,经返工处理符合要求　项			
4	观感质量 验收	共抽查　项,符合要求 项,不符合要求　项			
5	综合验收 结论				
参加验收单位	建设单位	监理单位		施工单位	设计单位
	(公章)	(公章)		(公章)	(公章)
	单位(项目)负责人 　年　月　日	总监理工程师 　年　月　日		单位负责人 　年　月　日	单位(项目)负责人 　年　月　日

3. 单位(子单位)工程质量控制资料核查记录

单位(子单位)工程质量控制资料核查记录,见表5-7。

单位(子单位)工程质量控制资料核查记录　　表 5-7

工程名称			施工单位			
序号	项目	资　料　名　称		份数	核查意见	核查人
1	建筑与结构	图纸会审、设计变更、洽商记录				
2		工程定位测量、放线记录				
3		原材料出厂合格证书及进场检(试)验报告				
4		施工试验报告及见证检测报告				
5		隐蔽工程验收记录				
6		施工记录				
7		预制构件、预拌混凝土合格证				
8		地基基础、主体结构检验及抽样检测资料				
9		分项、分部工程质量验收记录				
10		工程质量事故及事故调查处理资料				
11		新材料、新工艺施工记录				
12						
1	给排水与采暖	图纸会审、设计变更、洽商记录				
2		材料、配件出厂合格证书及进场检(试)验报告				
3		管道、设备强度试验、严密性试验记录				
4		隐蔽工程验收记录				
5		系统清洗、灌水、通水、通球试验记录				
6		施工记录				
7		分项、分部工程质量验收记录				
8						
1	建筑电气	图纸会审、设计变更、洽商记录				
2		材料、设备出厂合格证书及进场检(试)验报告				
3		设备调试记录				
4		接地、绝缘电阻测试记录				
5		隐蔽工程验收记录				
6		施工记录				
7		分项、分部工程质量验收记录				
8						

续表

工程名称			施工单位			
序号	项目	资 料 名 称		份数	核查意见	核查人
1	通风与空调	图纸会审、设计变更、洽商记录				
2		材料、设备出厂合格证书及进场检(试)验报告				
3		制冷、空调、水管道强度试验、严密性试验记录				
4		隐蔽工程验收记录				
5		制冷设备运行调试记录				
6		通风、空调系统调试记录				
7		施工记录				
8		分项、分部工程质量验收记录				
9						
1	电梯	土建布置图纸会审、设计变更、洽商记录				
2		设备出厂合格证书及开箱检验记录				
3		隐蔽工程验收记录				
4		施工记录				
5		接地、绝缘电阻测试记录				
6		负荷试验、安全装置检查记录				
7		分项、分部工程质量验收记录				
8						
1	建筑智能化	图纸会审、设计变更、洽商记录、竣工图及设计说明				
2		材料、设备出厂合格证及技术文件及进场检(试)验报告				
3		隐蔽工程验收记录				
4		系统功能测定及设备调试记录				
5		系统技术、操作和维护手册				
6		系统管理、操作人员培训记录				
7		系统检测报告				
8		分项、分部工程质量验收报告				

结论：

　　　　　　　　　　　　　　　总监理工程师
施工单位项目经理　　年 月 日 （建设单位项目负责人）　年　月　日

4. 单位(子单位)工程安全和功能检验资料核查及主要功能抽查记录

单位(子单位)工程安全和功能检验资料核查及主要功能抽查记录,见表 5-8。

单位(子单位)工程安全和功能检验
资料核查及主要功能抽查记录   表 5-8

工程名称				施工单位			
序号	项目	安全和功能检查项目	份数	核查意见	抽查结果		核查(抽查)人
1	建筑与结构	屋面淋水试验记录					
2		地下室防水效果检查记录					
3		有防水要求的地面蓄水试验记录					
4		建筑物垂直度、标高、全高测量记录					
5		抽气(风)道检查记录					
6		幕墙及外窗气密性、水密性、耐风压检测报告					
7		建筑物沉降观测测量记录					
8		节能、保温测试记录					
9		室内环境检测报告					
10							
1	给排水与采暖	给水管道通水试验记录					
2		暖气管道、散热器压力试验记录					
3		卫生器具满水试验记录					
4		消防管道、燃气管道压力试验记录					
5		排水干管通球试验记录					
6							
1	电气	照明全负荷试验记录					
2		大型灯具牢固性试验记录					
3		避雷接地电阻测试记录					
4		线路、插座、开关接地检验记录					
5							

续表

工程名称				施工单位		
序号	项目	安全和功能检查项目	份数	核查意见	抽查结果	核查(抽查)人
1	通风与空调	通风、空调系统试运行记录				
2		风量、温度测试记录				
3		洁净室洁净度测试记录				
4		制冷机组试运行调试记录				
5						
1	电梯	电梯运行记录				
2		电梯安全装置检测报告				
1	智能建筑	系统试运行记录				
2		系统电源及接地检测报告				
3						

结论：

施工单位项目经理　　年 月 日　　总监理工程师（建设单位项目负责人）　　年 月 日

注：抽查项目由验收组协商确定。

5. 单位(子单位)工程观感质量检查记录

单位(子单位)工程观感质量检查记录，见表5-9。

单位(子单位)工程观感质量检查记录　　表5-9

工程名称			施工单位								
序号	项 目		抽查质量状况							质量评价		
										好	一般	差
1	建筑与结构	室外墙面										
2		变形缝										
3		水落管,屋面										
4		室内墙面										
5		室内顶棚										
6		室内地面										
7		楼梯、踏步、护栏										
8		门窗										

续表

工程名称			施工单位							
序号	项	目	抽查质量状况					质量评价		
								好	一般	差
1	给排水与采暖	管道接口、坡度、支架								
2		卫生器具、支架、阀门								
3		检查口、扫除口、地漏								
4		散热器、支架								
1	建筑电气	配电箱、盘、板、接线盒								
2		设备器具、开关、插座								
3		防雷、接地								
1	通风与空调	风管、支架								
2		风口、风阀								
3		风机、空调设备								
4		阀门、支架								
5		水泵、冷却塔								
6		绝热								
1	电梯	运行、平层、开关门								
2		层门、信号系统								
3		机房								
1	智能建筑	机房设备安装及布局								
2		现场设备安装								
3										
观感质量综合评价										
检查结论		施工单位项目经理　年　月　日					总监理工程师 (建设单位项目负责人) 年　月　日			

注:质量评价为差的项目,应进行返修。

5.15 设计变更、洽商记录

设计变更洽商记录是单位工程施工技术资料的第十五分册。

具体内容及要求同地基与基础工程施工阶段。

5.16 竣 工 图

竣工图是工程竣工后技术档案的重要组成部分,是单位工程施工技术资料的第十六分册。其内容包括：

(1)工程总体布置图、位置图,地形复杂者并附竖向布置图。

(2)建设用地范围内的各种地下管线工程综合平面图(要求注明平面位置、高程、走向、断面,跟外部管线衔接关系,复杂交叉处应有局部剖面图等)。

(3)各土建专业和有关专业的设计总说明书。

(4)建筑专业：

设计说明书；

总平面图(包括道路、园林绿化)；

房间做法名称表；

各层平面图(包括设备层及屋顶、人防图,另册归档)；

立面图、剖面图、较复杂的外墙大样图；

楼梯间、电梯间、电梯井道剖面图,电梯机房平、剖面图；

地下部分的防水防潮、屋顶防水、外墙板缝的防水及变形缝等的做法大样图；

防火、抗震(包括隔震)、防辐射、防电磁干扰以及三废治理等图纸；

(5)结构专业：

设计说明书；

基础平、剖面图；

地下部分各层墙、柱、梁、板平面图，剖面图以及板柱节点大样图；

地上部分各层墙、柱、梁、板平面图、大样图，及预制梁、柱节点大样图；

楼梯剖面大样图，电梯井道平、剖面图，墙板连接大样图；

钢结构平、剖面图及节点大样图；

重要构筑物的平、剖面图。

(6)设备专业：

设计说明书；

给水、排水、采暖、供气、空调、通风、消防、恒温恒湿、空淋、三废治理等各层平面、剖面及立面系统图或透视图；

锅炉房、泵房、空调机房、热力点、煤气调压站等的平剖面图、管线系统图及有关说明书；

主要设备型号、功率、容量等明细表。

(7)电气专业：

设计说明书；

各种管线平面图及系统图；

变电站、开闭所、锅炉房、泵房、空调机房、冷冻机房、中心控制室等的管线平、剖面图及系统图等；

供配电、照明、电信、广播的干线立管图；

复杂信息系统方块图；

地下管线的特殊构筑物平、剖面图；

发电、变电、供配电等的原理图及二次接线图；

接地电阻实测记录等。

要求：

(1)工程竣工后应及时整理竣工图纸,凡结构形式改变、工艺改变、平面布置改变、项目改变以及其他重大改变,或者在原图纸上改动部分超过40%或者修改后图面混乱分辨不清的个别图纸则需要重新绘制。

(2)凡在施工中,按施工图没有变更的在新的原施工图上加盖竣工图标志后可作为竣工图。

(3)无大变更的将修改内容如实地改绘在蓝图上,竣工图标志应具有明显的"竣工图"字样,并包括有编制单位名称、制图人、审核人和编制日期等基本内容。

(4)变更设计洽商记录的内容必须如实地反映到设计图上,如在图上反映确有困难,则必须在图中相应部分加文字说明(见洽商××号),标注有关变更设计洽商记录的编号,并附该洽商记录的复印件。

(5)竣工图应完整无缺,分系统装订(基础、结构、建筑、设备),内容清晰。

(6)绘制竣工图必须采用不褪色的绘图墨水进行,文字材料不得用复写纸、一般圆珠笔和铅笔等。

图纸的折叠:

(1)尺寸:310mm(高)×220mm(宽),案卷软内卷尺寸为297mm(高)×210mm(宽)。

(2)折叠方式:图纸折叠前要按图框裁剪整齐,折叠方式采用"手风琴风箱式",图标、竣工图章应露在外面,图标外露右下角。

在竣工图的封面和每张竣工图的图标处加盖竣工图章。

5.17 技术资料组卷方法、要求及验收移交

1. 组卷原则

施工技术资料的组卷必须遵循其自然形成的规律,按其时间的先后,按其特征,按其专业加以排列。具体排列顺序如下:

(1)主要原材料、半成品、成品构配件出厂质量证明和质量试(检)验报告;

(2)施工试验报告;

(3)施工记录;

(4)预检记录;

(5)隐蔽工程验收记录;

(6)基础、结构验收记录;

(7)给水排水与采暖工程;

(8)电气安装工程;

(9)通风与空调工程;

(10)电梯安装工程;

(11)施工组织设计;

(12)技术交底;

(13)工程质量验收记录;

(14)竣工验收资料;

(15)设计变更、洽商记录;

(16)竣工图。

一般性工程如文字材料不多时可以不分卷,规模大的工程应分别组卷。

卷内文件材料排列顺序,一般为封面、目录、文件材料部

分、封底。

2. 案卷规格及图纸折叠方式

(1)案卷规格

案卷采用统一的装具和规格尺寸,可采用硬壳卷皮和卷盒,其尺寸为310mm(高)×220mm(宽),案卷软内卷皮尺寸为297mm(高)×210mm(宽)。卷皮材料应坚固耐用。

(2)图纸折叠方式

图纸折叠前要按图框裁剪整齐,折叠方式应采用"手风琴风箱式",图标、竣工图章应露在外面,图标外露右下角。

(3)装订

文字材料必须装订成册。

1)文字材料或图纸材料采用硬壳卷夹装订时,应加白软封面和封底。

2)用卷盒时,文字材料用棉线装订,订结打在背面。图纸散装在卷盒内时,需将案卷封面、目录、备考表三件用棉线在左上角装订在一起,放在案卷之首。

(4)案卷封面

具有案卷名称(工程名称)编制单位、单位负责人、技术主管(总工程师或主任工程师)、编制日期、保管期限、密级、档案号、案卷卷次等。

3. 技术资料的验收和移交

工程竣工验收前,建设单位(或工程设施管理单位)应组织、督促和协同施工单位检查施工技术资料的质量,不符合要求的,应限期修改、补充、直至重做。

全部施工技术资料应在竣工验收后,按协议规定时间移交给建设单位,但最迟不得超过3个月。

施工技术资料在移交时应办理移交手续,并由双方单位负责人签章。

建筑安装施工技术资料移交书见表5-10。施工技术资料移交明细表见表5-11。

建筑安装施工技术资料移交书 表5-10

按有关规定向

　　办理　　工程施工技术资料移交手续。共计　　册。其中图样材料　　册,文字材料　　册,其他材料　　张(　　)。

附:移交明细表

　　移交单位(公章)　　　　　　接受单位(公章)

　　单位负责人:　　　　　　　　单位负责人:

　　移交人:　　　　　　　　　　接收人:

　　　　　　　　　　　移交时间　年　月　日

施工技术资料移交明细表 表5-11

序号	案卷题名	数量						备注
		文字材料		图样材料		其他		
		册	张	册	张	册	张	
1	原材料、半成品、成品出厂证明和试(检)验报告							
2	施工试验报告							
3	施工记录							
4	预检记录							
5	隐检记录							
6	基础结构验收记录							
7	给水排水与采暖工程							
8	电气安装工程							
9	通风与空调工程							

续表

序号	案卷题名	数量						备注
		文字材料		图样材料		其他		
		册	张	册	张	册	张	
10	电梯安装工程							
11	施工组织设计与技术交底							
12	工程质量验收记录							
13	竣工验收资料							
14	设计变更、洽商记录							
15	竣工图							
16	其他							